Subash Chandra Mishra

Revestimentos de niquelo-alumineto por pulverização de plasma utilizando material de qualidade comercial

Subash Chandra Mishra

Revestimentos de niquelo-alumineto por pulverização de plasma utilizando material de qualidade comercial

Revestimento por pulverização térmica

ScienciaScripts

Imprint

Any brand names and product names mentioned in this book are subject to trademark, brand or patent protection and are trademarks or registered trademarks of their respective holders. The use of brand names, product names, common names, trade names, product descriptions etc. even without a particular marking in this work is in no way to be construed to mean that such names may be regarded as unrestricted in respect of trademark and brand protection legislation and could thus be used by anyone.

Cover image: www.ingimage.com

This book is a translation from the original published under ISBN 978-3-659-84953-4.

Publisher:
Sciencia Scripts
is a trademark of
Dodo Books Indian Ocean Ltd. and OmniScriptum S.R.L publishing group

120 High Road, East Finchley, London, N2 9ED, United Kingdom
Str. Armeneasca 28/1, office 1, Chisinau MD-2012, Republic of Moldova, Europe
Printed at: see last page
ISBN: 978-620-7-79322-8

Índice:

Capítulo 1   3

Capítulo 2   6

Capítulo 3   24

Capítulo 4   29

Capítulo 5   37

Revestimentos de niquelo-alumineto por pulverização de plasma utilizando material de qualidade comercial

Subash Chandra Mishra

PRELÚDIO

O níquel-alumineto tem atraído uma enorme atenção devido ao seu interesse tecnológico e científico. Há muito que é utilizado como material de revestimento em elementos industriais e estruturais, onde a sua função tem sido minimizar as tensões termo-mecânicas na interface substrato-revestimento e promover a adesão do revestimento. O seu papel, por conseguinte, tem-se restringido principalmente como revestimento de ligação entre o componente central e o revestimento de acabamento cerâmico. Até à data, a sua utilização como material de revestimento superior não foi comunicada.

O presente trabalho de investigação centra-se no estudo da deposição de níquel-alumineto como revestimento de topo em substrato metálico sem qualquer revestimento de ligação intermédio. O aço macio e o cobre são escolhidos como material de substrato e a deposição de Ni-Al é efectuada por pulverização de plasma atmosférico. O objetivo básico foi o estudo da formação de revestimentos de Ni-Al e a sua caraterização. Estes são caracterizados quanto à sua dureza, porosidade, força de adesão e microestrutura. São estudadas as mudanças/transformações de fase significativas que ocorrem durante a pulverização por plasma. Além disso, são também avaliadas as eficiências de deposição do revestimento em várias condições de funcionamento. É efectuada uma análise qualitativa dos resultados experimentais no que diz respeito à eficiência de deposição do revestimento e é proposto um modelo de previsão utilizando computação neural. É avaliada a capacidade destes revestimentos para combater o desgaste por erosão por partículas sólidas.

Durante a deposição por pulverização de plasma, observa-se a formação de fases de alumineto de níquel. Regista-se uma força de adesão máxima de ~ 12,5 MPa para estes revestimentos de níquel-alumineto em substratos de aço macio e de ~ 10,15 MPa em substratos de cobre, a um nível de potência de funcionamento de 20 kW da tocha de plasma. Obteve-se uma eficiência máxima de deposição de ~ 57% para os revestimentos de Ni-Al em cobre e de ~ 54% em substratos de aço macio. A potência de entrada na tocha influencia em grande medida a força de adesão do revestimento, a eficiência da deposição e a dureza do revestimento. A morfologia do revestimento também é largamente afetada pela potência de entrada da tocha. A ocorrência de transformações de fase e a formação de fases de alumineto como Ni3Al2 Ni3Al2 durante a pulverização por plasma é evidente. As diferentes fases de alumineto observadas nos estudos de XRD corroboram a observação de diferentes valores de dureza de diferentes fases opticamente distintas. Os revestimentos são mais duros do que os materiais de substrato e, por conseguinte, podem ser recomendados para várias aplicações tribológicas. A resistência ao desgaste por erosão de partículas sólidas destes revestimentos é bastante boa. Verifica-se que a taxa de erosão do revestimento é grandemente afetada pelo ângulo de impacto e pela velocidade de impacto das partículas em erosão.

As redes neuronais artificiais podem ser utilizadas com vantagem para simular correlações entre propriedades e parâmetros dos revestimentos para além do âmbito da experimentação. A técnica RNA é utilizada para prever o desempenho do revestimento em diferentes condições. A simulação pode ser alargada a um espaço de parâmetros maior do que o domínio da experimentação.

Capítulo 1

INTRODUÇÃO

1.0 ANTECEDENTES

A procura incessante de uma maior eficiência e produtividade em todo o espetro das indústrias transformadoras e de engenharia tem assegurado que a maioria dos componentes modernos está sujeita a ambientes cada vez mais agressivos durante o funcionamento de rotina. Os componentes industriais críticos são, por conseguinte, susceptíveis de uma degradação mais rápida, uma vez que as peças não conseguem suportar os rigores das condições de funcionamento agressivas, o que tem vindo a afetar fortemente a economia da indústria. Num número esmagadoramente elevado de casos, a deterioração acelerada das peças e a sua eventual falha têm sido atribuídas a danos materiais provocados por ambientes hostis e também por movimentos relativos elevados entre superfícies de contacto, meios corrosivos, temperaturas extremas e tensões cíclicas. Simultaneamente, os esforços de investigação centrados no desenvolvimento de novos materiais para o fabrico estão a começar a produzir resultados decrescentes e parece improvável que quaisquer avanços significativos em termos de desempenho e durabilidade dos componentes possam ser feitos apenas através do desenvolvimento de novas ligas.

Em resultado do que precede, o conceito de incorporar superfícies artificiais capazes de combater os fenómenos de degradação que as acompanham, como o desgaste, a corrosão e a fadiga, para melhorar o desempenho, a fiabilidade e a durabilidade dos componentes, tem vindo a ganhar uma aceitação crescente nos últimos anos. O reconhecimento de que a grande maioria dos componentes de engenharia falha catastroficamente em serviço devido a fenómenos relacionados com a superfície alimentou ainda mais esta abordagem e levou ao desenvolvimento da vasta área interdisciplinar das modificações da superfície. Um revestimento protetor depositado para atuar como uma barreira entre as superfícies do componente e o ambiente agressivo a que está exposto durante o funcionamento é agora globalmente reconhecido como um meio atrativo para reduzir/suprimir significativamente os danos no próprio componente, actuando como a primeira linha de defesa.

A modificação da superfície é um termo genérico atualmente aplicado a um vasto campo de tecnologias diversas que podem ser aproveitadas para aumentar a fiabilidade e melhorar o desempenho dos componentes industriais. A crescente utilidade e adoção industrial da engenharia de superfícies é uma consequência dos significativos avanços recentes neste domínio. Foram dados passos muito rápidos em todas as frentes da ciência, do processamento, do controlo, da modelização, do desenvolvimento de aplicações, etc., o que a tornou uma ferramenta inestimável que é agora cada vez mais considerada como parte integrante da conceção de componentes. Atualmente, a modificação da superfície é melhor definida como "a conceção do substrato e da superfície em conjunto como um sistema para melhorar o desempenho de forma rentável, do qual nenhum deles é capaz por si só". O desenvolvimento de um revestimento adequado de elevado desempenho num componente fabricado com um metal ou liga de elevada resistência mecânica constitui um método promissor para satisfazer os requisitos em termos de propriedades de massa e de superfície de praticamente todas as aplicações imaginadas. As técnicas de revestimento mais recentes, juntamente com as tradicionais, são eminentemente adequadas para modificar uma vasta gama de propriedades de engenharia. As propriedades que podem ser modificadas através da adoção da abordagem de engenharia de superfícies incluem propriedades tribológicas, mecânicas, termomecânicas, electroquímicas, ópticas, eléctricas, electrónicas, magnéticas/acústicas e biocompatíveis.

O desenvolvimento da engenharia de superfícies tem sido dinâmico, em grande parte devido ao facto de ser uma disciplina da ciência e da tecnologia em que se confia cada vez mais para satisfazer todos os requisitos tecnológicos fundamentais dos dias de hoje: poupança de materiais, maior eficiência, respeito pelo ambiente, etc. A utilidade global da abordagem da engenharia de superfícies é ainda aumentada pelo facto de as modificações à superfície do componente poderem ser metalúrgicas, mecânicas, químicas ou físicas. Simultaneamente, a superfície objeto de engenharia pode abranger, pelo menos, cinco ordens de grandeza em termos de espessura e três ordens de grandeza em termos de dureza.

Nos últimos anos, impulsionados pela necessidade tecnológica e alimentados por possibilidades interessantes, têm proliferado novos métodos de aplicação de revestimentos, melhorias nos métodos existentes e novas aplicações. As tecnologias de modificação da superfície cresceram rapidamente, tanto em termos de encontrar melhores soluções como no número de variantes tecnológicas disponíveis, para oferecer uma vasta gama de qualidade e custo. O aumento significativo da disponibilidade de processos de revestimento de grande complexidade, capazes de depositar uma grande variedade de revestimentos e de tratar componentes de geometria diversa, garante que os componentes de todas as formas e dimensões imagináveis podem ser revestidos de forma económica. Os processos de tratamento de superfícies existentes dividem-se em três grandes categorias:

(a) Revestimentos por sobreposição: Esta categoria inclui uma grande variedade de processos de revestimento em que um material diferente do material a granel é depositado no substrato. O revestimento é distinto do substrato na condição de revestido e existe uma fronteira clara na interface substrato/revestimento. A adesão do revestimento ao substrato é uma questão importante.

(b) Revestimentos por difusão: Esta categoria envolve a interação química do(s) elemento(s) formador(es) do revestimento com o substrato por difusão. Novos elementos são difundidos na superfície do substrato, normalmente a temperaturas elevadas, de modo a que a composição e as propriedades das camadas exteriores sejam alteradas em comparação com as da massa.

(c) Modificações térmicas ou mecânicas das superfícies: Neste caso, a metalurgia existente na superfície do componente é alterada na região próxima da superfície por meios térmicos ou mecânicos, normalmente para aumentar a sua dureza. O tipo de revestimento a ser efectuado depende da aplicação. Existem muitas técnicas disponíveis, por exemplo, galvanoplastia, deposições de vapor, pulverização térmica, etc. De todas estas técnicas, a pulverização térmica é popular devido à sua vasta gama de aplicabilidade, à adesão do revestimento ao substrato e à sua durabilidade. Tem emergido gradualmente como o método mais útil industrialmente para desenvolver uma variedade de revestimentos, para melhorar a qualidade de novos componentes, bem como para recuperar peças desgastadas/mal maquinadas.

O tipo de pulverização térmica depende do tipo de fonte de calor utilizada e, consequentemente, a pulverização por chama (FS), a pulverização oxi-combustível a alta velocidade (HVOF), a pulverização por plasma (PS), etc., estão incluídas no âmbito da pulverização térmica. A pulverização por plasma utiliza as propriedades exóticas do meio de plasma para conferir novas propriedades funcionais a materiais convencionais e não convencionais e é considerada uma técnica de pulverização térmica altamente versátil e tecnologicamente sofisticada. Trata-se de uma indústria de grande dimensão com aplicações em revestimentos resistentes à corrosão, à abrasão e à temperatura e na produção de formas monolíticas e quase líquidas [1]. O processo pode ser aplicado para revestir uma variedade de substratos de formas e dimensões complicadas, utilizando consumíveis metálicos, cerâmicos e/ou poliméricos. A taxa de produção do processo é muito elevada e a adesão do revestimento é também adequada. Uma vez que o processo é quase independente do material, tem uma gama muito ampla de aplicabilidade, por exemplo, como revestimento de barreira térmica, revestimento resistente ao desgaste, etc. Os revestimentos de barreira térmica são fornecidos para proteger o material de base, por exemplo, motores de combustão interna, turbinas a gás, etc., a temperaturas elevadas. O zircónio ($ZrO2$) é um material de revestimento de barreira térmica convencional. Como o nome sugere, os revestimentos resistentes ao desgaste são utilizados para combater o desgaste, especialmente em camisas de cilindros, pistões, válvulas, fusos, rolos de moinhos têxteis, etc. Algumas cerâmicas como a alumina ($Al2O3$), a titânia ($TiO2$) e a zircónia ($ZrO2$) são alguns dos materiais de revestimento resistentes ao desgaste convencionais [2]. Para além das cerâmicas, são também utilizados vários revestimentos metálicos e intermetálicos para proteger o núcleo dos componentes de engenharia e/ou estruturais.

Os compostos intermetálicos são amplamente utilizados em aplicações estruturais a altas temperaturas [3- 6]. Em particular, as ligas de níquel-alumínio e os seus derivados têm uma procura potencial na indústria aeroespacial e noutras aplicações de elevado desempenho.

1.1 ÂMBITO DOS TRABALHOS

O objetivo básico do presente trabalho é o estudo da formação de revestimentos Ni-Al e a sua caraterização. Os revestimentos são depositados em substratos de aço macio e cobre através da técnica de pulverização por plasma. São caracterizados quanto à sua dureza, porosidade, força de adesão e microestrutura. São estudadas as mudanças/transformações de fase significativas que ocorrem durante a pulverização por plasma. Além disso, são também avaliadas as eficiências de deposição do revestimento em várias condições de funcionamento. É efectuada uma análise qualitativa dos resultados experimentais no que diz respeito à eficiência de deposição do revestimento utilizando técnicas estatísticas. A capacidade destes revestimentos para combater o desgaste por erosão de partículas sólidas é avaliada.

Capítulo 2
2.0 PESQUISA BIBLIOGRÁFICA

Este capítulo trata do levantamento bibliográfico do tópico de interesse geral, nomeadamente o desenvolvimento da tecnologia de modificação de superfícies para aplicações tribológicas. Este tratado abrange várias técnicas de revestimento, com especial referência à pulverização por plasma, aos materiais de revestimento e às suas características. Apresenta também uma breve revisão de trabalhos anteriores sobre revestimentos de níquel-alumineto e outros revestimentos intermetálicos.
No final do capítulo, é apresentado um resumo da pesquisa bibliográfica e das lacunas de conhecimento nas investigações anteriores. São também delineados os objectivos do presente trabalho.

2.1 MODIFICAÇÃO DA SUPERFÍCIE

A modificação da superfície é um termo relativamente novo que surgiu nas últimas duas décadas para descrever actividades interdisciplinares destinadas a adaptar as propriedades da superfície dos materiais de engenharia. O objetivo da engenharia de superfícies é melhorar as suas capacidades funcionais, tendo em conta os factores económicos [7]. *Engenharia de Superfícies* é o nome da disciplina - *modificação de superfícies* é a filosofia que lhe está subjacente. Para elucidar a questão, pode dar-se um exemplo. O compósito de carboneto de tungsténio e cobalto é um material de ferramenta de corte muito popular, conhecido pela sua elevada dureza e resistência ao desgaste. Se for aplicado um revestimento fino de TiN na pastilha de WC-Co, as suas capacidades aumentam consideravelmente [8]. Na verdade, uma ferramenta de corte, em ação, está sujeita a um elevado grau de abrasão, e o TiN é mais capaz de combater a abrasão. Por outro lado, o TiN é extremamente frágil, mas o núcleo relativamente duro do compósito WC-Co protege-o da fratura. Assim, através de um processo de modificação da superfície, juntamos dois (ou mais) materiais pelo método apropriado e exploramos as qualidades de ambos [9, 10]. É uma ferramenta muito versátil para o desenvolvimento tecnológico, desde que seja aplicada criteriosamente, tendo em conta as seguintes restrições:
(i)   O valor acrescentado tecnológico deve justificar o custo, e
(ii) A escolha da técnica deve ser tecnologicamente adequada.

2.2 TÉCNICAS DE MODIFICAÇÃO DE SUPERFÍCIES

Atualmente, existe um grande número de tecnologias disponíveis comercialmente no cenário industrial e a figura 2.1 apresenta algumas delas [9]. Apresenta-se de seguida uma panorâmica dessas tecnologias.

Revestimento

Entre os processos de revestimento, a galvanoplastia é bastante popular. O substrato (necessariamente condutor) forma um elétrodo (cátodo) e é submerso num eletrólito apropriado [11]. À medida que a corrente passa através da célula electrolítica, os iões do material de revestimento emergem do eletrólito e depositam-se no cátodo (o substrato). Na galvanização electrolítica, a deposição ocorre por redução catalítica do soluto presente no banho de galvanização. O revestimento de conversão eletroquímica aparece na superfície do substrato (que actua como elétrodo) como resultado de uma reação química entre o eletrólito e a superfície. Por exemplo, na presença de H2SO4 (eletrólito), a camada superior de alumínio (elétrodo) é oxidada para formar óxido de alumínio [12]. A eletrodeposição é o processo de depositar eletricamente um material num mandril amovível para fazer uma peça. A galvanização pode ser utilizada para modificar as propriedades físicas, mecânicas ou de corrosão [13].
As técnicas de galvanização abrangem um grande número de materiais. Um revestimento composto com materiais não condutores, como o diamante, também é possível por galvanização. Este tipo de revestimento é adequado para aplicações de desgaste, corrosão, reconstrução e eléctricas. Alguns dos processos são capazes de proporcionar um revestimento uniforme em toda a superfície, mesmo em orifícios profundos e cantos reentrantes (galvanização electrolítica). Também podem ser galvanizadas áreas selectivas de uma superfície [12,14,15].
Mas a galvanoplastia é propensa à fragilização metalúrgica e proporciona apenas uma adesão moderada, ao passo que a galvanoplastia sem eléctrodos é bastante lenta [11,16].

TECNOLOGIAS DE MODIFICAÇÃO DE SUPERFÍCIES					
Revestimento • Electro deposição Deposição sem eletrólise • Electro revestimento químico de conversão • Electro formação	**Difusão Processos** • Carburação • Nitretação • Carbonitridina • Aluminização • Silicnização • Cromagem • Boronização	**Endurecimento de superfícies** • Chama Endurecimento • Indução G Endurecimento Endurecimento por feixe de electrões Endurecimento por feixe de laser • Implantação de iões	**Revestimento de película fina** - PVD - CVD	**Revestimento duro por soldadura** • SMAW • GTAW • GMAW • Arco submerso Soldadura • Soldadura por plasma • Feixe de laser Soldadura • Feixe de electrões Soldadura	**Pulverização térmica** • Chama Pulverizaçã o • Arco elétrico Pulverizaçã o • Plasma Pulverizaçã o • Pistola D Revestiment o

Fig. 2.1 Várias formas de tecnologias de modificação da superfície

Processos de difusão

Como o nome sugere, o processo envolve a difusão de um elemento na matriz do substrato [17]. O processo é normalmente conduzido a uma temperatura elevada para promover a difusão. As espécies difusoras criam uma camada no substrato e as propriedades dessa camada são modificadas. Os elementos utilizados como espécies difusoras são o carbono, o azoto, o alumínio, o crómio, o silício, o boro, etc. A escolha das espécies difusoras depende das aplicações, mas o carbono e o azoto são os dois elementos mais utilizados e os processos são conhecidos como cementação e nitruração, respetivamente [**18**]. Ambos os processos são normalmente efectuados em substratos de aço. O substrato é mantido num ambiente rico em carbono ou azoto. A uma temperatura elevada, os elementos difundem-se lentamente nos substratos devido ao gradiente de concentração. A carbonização enriquece o teor de carbono da caixa do substrato e, após a têmpera, a camada da caixa endurece devido à transformação martensítica. A nitretação também cria uma camada muito dura na superfície do substrato. Neste caso, o endurecimento ocorre devido a um reforço por solução sólida. Estes dois processos são utilizados principalmente para aplicações de desgaste, tal como a boronização e a carbo-nitruração. A cromagem, a siliconagem e a aluminização, por outro lado, destinam-se a aplicações de resistência à corrosão/oxidação [**19,20**] .

Mas os processos de difusão também têm certas limitações. Não podem ser utilizados em aplicações como a reconstrução. Alguns processos criam frequentemente distorções (cementação). Alguns dos processos são muito lentos e a profundidade da caixa obtida é limitada (carbonização com gás). Alguns dos processos são efectuados em ambientes agressivos (nitruração com sal) com potenciais riscos ambientais. As aplicações são limitadas apenas aos metais.

Endurecimento de superfícies

O processo envolve o aquecimento da superfície de um componente (ou parte dela) para além de uma temperatura crítica e o seu arrefecimento rápido por têmpera para induzir a transformação martensítica. O processo restringe-se ao ferro fundido e aos aços. Neste caso, é necessária uma fonte de calor para aumentar a temperatura da peça a trabalhar. O processo recebe o nome da fonte de calor utilizada e os exemplos típicos são o endurecimento por chama (chama de oxi-acetileno), o endurecimento por indução (aquecimento por indução), o endurecimento por laser (feixe de laser), o endurecimento por feixe de electrões (feixe de electrões), etc. [**21**] . O teor de carbono da peça de trabalho deve ser de pelo menos 0,6%, caso contrário a transformação martensítica pode não ocorrer. Com exceção do processo de implantação iónica, estes processos não envolvem qualquer adição de material. No processo de implantação iónica, os materiais adequados são tomados sob a forma de iões e dirigidos para a superfície a implantar. Estes processos são utilizados para desenvolver uma caixa dura de baixa espessura, mantendo a suavidade do núcleo [**22**].

Uma pequena parte de um componente grande pode ser endurecida (endurecimento por chama) e não é necessária qualquer adição de material. A adesão não impõe qualquer restrição, uma vez que a camada endurecida é parte integrante do componente original. Mas o processo é restrito a materiais ferrosos. Por vezes, o processo é suscetível de distorção. Alguns dos processos requerem mão de obra altamente qualificada (por exemplo, endurecimento por chama). Com exceção do endurecimento por chama, o custo de instalação é elevado para todos os outros processos.

Revestimento de película fina

Neste processo, uma camada fina de um elemento puro ou de um composto pode ser depositada num substrato [9]. Esta técnica pode ser classificada em duas categorias:
- Deposição física de vapor,
- Deposição de vapor químico

Deposição de vapor físico (PVD)

Este processo é realizado numa câmara de vácuo. O alvo (substrato) e o material de revestimento são mantidos de frente um para o outro. O material de revestimento é aquecido com uma fonte de calor, como um aquecedor elétrico ou um feixe de electrões, a baixa pressão. O material de revestimento evapora-se diretamente do estado sólido e deposita-se no alvo. Este processo é conhecido como evaporação térmica [**23**]. Noutro processo, conhecido como revestimento por pulverização catódica [**24**], o alvo e os materiais de revestimento são ligados a dois eléctrodos (ânodo e cátodo,

respetivamente) de uma fonte de alimentação adequada e é libertado um gás inerte no espaço entre eles. O gás sofre ionização no campo elétrico. Os iões positivos dirigem-se para o cátodo (ou seja, o material de revestimento) e deslocam iões deste. Estes iões movem-se em direção ao ânodo e depositam-se no alvo. A metalização iónica é uma combinação destes dois processos, em que o material de revestimento é aquecido e, ao mesmo tempo, é criado um plasma de gás para acelerar o processo [**25**].
Este processo permite depositar elementos puros e compostos. É bastante simples, envolve equipamento de baixo custo e abrange muitos domínios de aplicação, por exemplo, eletrónico, elétrico, desgaste, etc. Trata-se de um processo de linha de visão, pelo que as peças com formas complicadas não podem ser revestidas. Uma vez que é efectuado no vácuo, não é possível revestir peças de grandes dimensões [**9**].

Deposição química de vapor (CVD)
O material a revestir é mantido numa câmara de vácuo equipada com um sistema de aquecimento elétrico. Depois de o substrato ser aquecido à temperatura necessária, os gases apropriados são introduzidos no reator para reação química em contacto com o substrato quente. Um dos produtos da reação é um sólido, que se deposita na superfície do substrato. Os gases residuais são retirados da câmara [**26**].
Esta técnica permite revestir formas complexas. A taxa de deposição é superior à da PVD. Certos artigos podem ser depositados apenas com CVD. Mas, uma vez que é efectuada a uma temperatura elevada (700°C ou superior), podem ocorrer danos térmicos. A preparação é mais complicada do que a PVD [**27**].

Revestimento duro por soldadura
Convencionalmente, a soldadura é um processo de união de duas partes metálicas. A soldadura por arco de metal blindado (SMAW) é o processo de soldadura mais comum. Aqui, os metais de base são mantidos próximos um do outro e é criado um arco elétrico entre o metal de base (perto da junção) e o elétrodo consumível. Como resultado, tanto o elétrodo consumível (material de enchimento) como a borda do metal de base fundem. O material de enchimento do elétrodo transfere-se para a poça de fusão e, após a congelação dessa poça, forma-se um cordão de soldadura sólido. A resistência da soldadura é supostamente maior do que a do material de base [**28**]. No caso do revestimento duro, o material de enchimento é depositado sobre o material de base para formar uma segunda camada ligada metalurgicamente. Agora, a primeira camada do depósito é diluída pela difusão dos constituintes do material de base para dentro dela. Normalmente, uma segunda camada é também depositada no topo da primeira. Na soldadura, são normalmente utilizados materiais de enchimento semelhantes ou compatíveis para efeitos de união. São também utilizados eléctrodos de liga, com uma composição adaptada a situações particulares de revestimento [**29**]. Existem muitas técnicas de soldadura e são apresentadas na Figura 2.1. Cada uma tem o seu próprio domínio de aplicação.
Neste processo, obtém-se a ligação mais forte possível. Podem ser utilizados todos os metais e ligas soldáveis. Pode ser efectuado com equipamento de baixo custo. Uma camada espessa pode ser construída rapidamente. O processo pode ser totalmente automatizado. No entanto, esta técnica está limitada aos materiais metálicos. Os produtos são vulneráveis a distorções relacionadas com tensões residuais. A camada de revestimento duro pode sofrer diluição pela difusão dos constituintes do material de base. Os produtos podem exigir uma operação de acabamento pós-soldadura em muitas aplicações [**28, 30**].

Pulverização térmica
É a categoria genérica de técnica de processamento de materiais que aplica consumíveis sob a forma de gotículas fundidas ou semi-fundidas finamente divididas para produzir um revestimento sobre

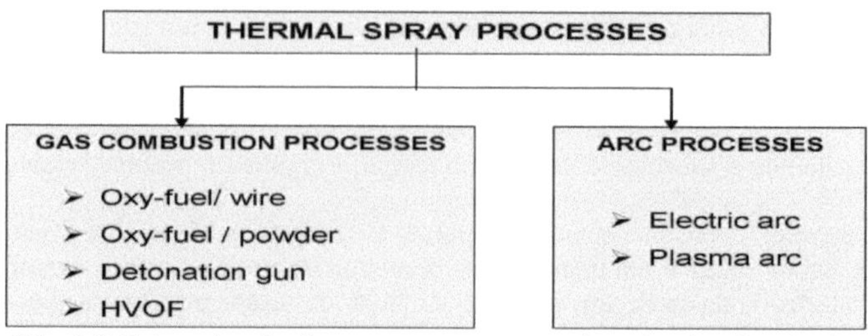

Fig. 2.2 Categorização dos processos comuns de pulverização térmica

o substrato mantido à frente do jato de impacto. A fusão dos consumíveis pode ser efectuada de várias formas e o consumível pode ser introduzido na fonte de calor sob a forma de fio ou de pó. Os consumíveis para pulverização térmica podem ser substâncias metálicas, cerâmicas ou poliméricas. Qualquer material pode ser pulverizado, desde que possa ser fundido pela fonte de calor empregue e não sofra degradação durante o aquecimento [**28** , **31**]. A natureza da ligação na interface revestimento-substrato não é completamente compreendida. Normalmente, assume-se que a ligação ocorre pelo encravamento mecânico. Nesta circunstância, é geralmente possível ignorar a compatibilidade metalúrgica [**9**]. Esta é uma caraterística extremamente significativa da pulverização térmica. Outro aspeto interessante da pulverização térmica é o facto de a temperatura da superfície raramente exceder os 200^0 C. Pode ser aplicado um revestimento de metal duro ou de cerâmica a plásticos termoendurecíveis. Os problemas de distorção relacionados com a tensão também não são tão significativos. A ação de pulverização é conseguida pela rápida expansão dos gases de combustão (que transferem o impulso para as gotículas fundidas) ou por um fornecimento separado de ar comprimido.

Existem duas formas básicas de gerar o calor necessário para fundir os consumíveis, [31, 32]
(i) Combustão de um gás combustível
(ii) Arco elétrico de alta energia

A Figura 2.2 mostra os processos comuns de pulverização térmica que se enquadram nas categorias acima mencionadas. Os processos acima mencionados são discutidos brevemente nos artigos seguintes, mas a pulverização por plasma foi discutida separadamente.

Pulverização por chama com arame

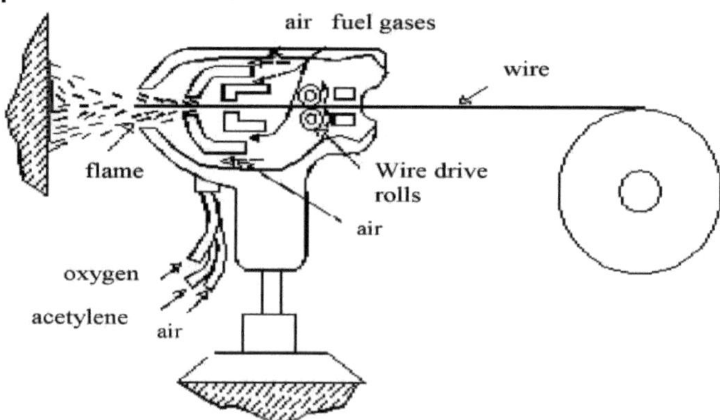

Fig. 2.3 Disposição para a pulverização por chama de arame

A instalação é mostrada na figura 2.3 e consiste numa pistola de pulverização, num sistema de alimentação de arame, em garrafas de gás oxigénio e acetileno e num compressor de ar [**9**]. Uma mistura proporcional de oxigénio e acetileno é introduzida no interior de uma câmara localizada.

O custo de instalação da pulverização por chama é bastante baixo. A camada metálica espessa pode ser depositada facilmente e, por conseguinte, é bastante útil para efeitos de reconstrução. Mas é aplicável apenas a materiais metálicos.

Pulverização de chama com pó

A disposição é mostrada na figura 2.4. O processo é efectuado com uma pistola que integra um dispositivo de injeção de gás combustível (oxi-acetileno) e de armazenamento de pó. A chama é mantida a uma distância conveniente do substrato. Os pós consumíveis são mantidos no interior de uma tremonha integrada na pistola e podem ser libertados para a chama através da ação de um gatilho. O pó é alimentado por gravidade à chama; funde-se e deposita-se no substrato para formar um revestimento. Nalguns casos, a chama é levada para perto do revestimento imediatamente após a deposição para posterior fusão. Neste caso, a força de ligação obtida é maior, mas a temperatura do substrato aumenta consideravelmente [**9,31, 32**].

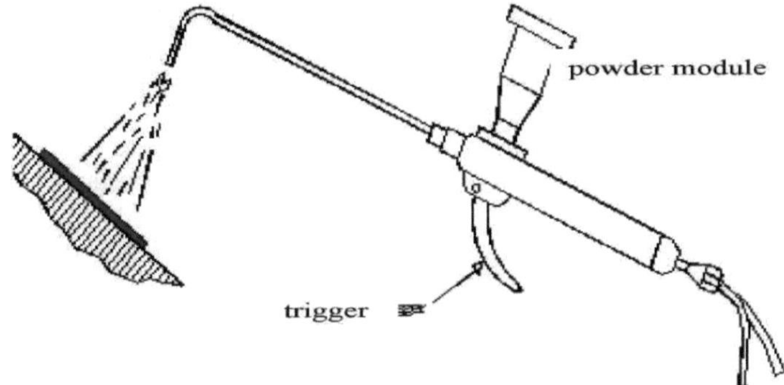

Fig. 2.4 Disposição para a pulverização de pós por chama

O custo do equipamento é baixo. Um grande número de ligas (mesmo ceramais) está disponível em forma de pó. Mas os materiais cerâmicos não podem ser depositados por este método. A taxa de deposição é muito lenta.

Revestimento de pistola de detonação

Trata-se de um processo de revestimento patenteado. A configuração básica é mostrada na Figura 2.5.

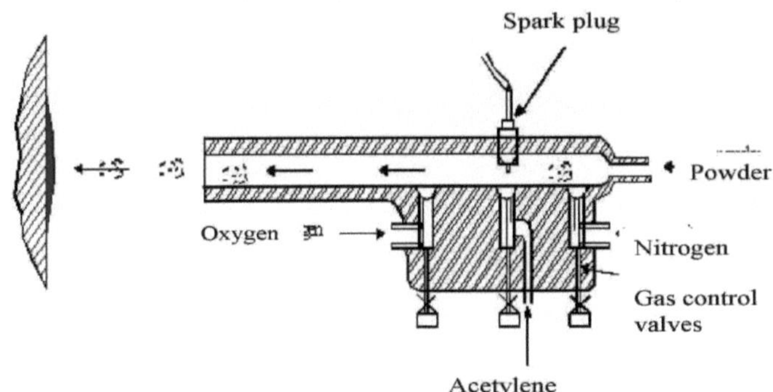

Fig. 2.5 Disposição do revestimento da pistola D

O pó consumível é introduzido na pistola sob uma pequena pressão de gás. As válvulas são abertas para permitir a entrada de oxigénio e acetileno na câmara de combustão da pistola. A mistura é então detonada pelas faíscas das velas de ignição e dá-se imediatamente uma explosão. A temperatura do combustível de detonação é de cerca de 3800⁰ C, e é uma temperatura suficientemente elevada para fundir a maior parte dos materiais. Imediatamente após a detonação, as partículas quentes (em processo de fusão) precipitam-se em direção ao alvo a uma velocidade muito elevada. Este fator é muito importante para obter um revestimento denso e bem ligado. Os ciclos de detonação são repetidos quatro a oito vezes por segundo e é utilizado gás nitrogénio para eliminar os produtos de combustão após cada ciclo. Este processo produz um ruído muito elevado, pelo que a pulverização é efectuada numa sala à prova de som. Requer também uma disposição elaborada para o controlo do combustível e do gás de purga, a alimentação do pó, o arrefecimento da pistola e o funcionamento da vela de ignição [**9, 31, 32**]. Com esta técnica, é possível fundir metais, ligas e cerâmicas e produzir um revestimento denso e bem ligado. No entanto, o processo é dispendioso e implica uma organização muito elaborada. O processo também produz um ruído elevado.

Pulverização oxi-combustível de alta velocidade (HVOF)

A disposição é ilustrada na figura 2.6. A mistura de oxigénio e de gás combustível (propileno ou hidrogénio) é introduzida na câmara de combustão da pistola. Ao inflamar-se, o gás queimado adquire uma temperatura muito elevada e escapa-se do confinamento da pequena câmara a alta velocidade no processo de expansão. A chama está em ângulo reto com o cano da arma. A partir de uma extremidade da pistola, a pólvora é introduzida no centro da chama por um gás de transporte. As partículas fundem-se e são imediatamente transportadas para o alvo pelo gás, escapando a uma velocidade muito elevada através do bocal da pistola [**35, 36, 37**] .

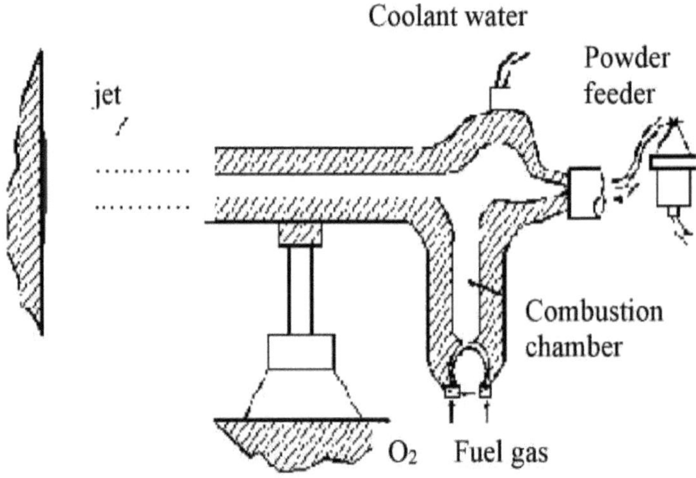

Fig. 2.6 Disposição para a pulverização HVOF

As vantagens desta técnica de pulverização incluem uma boa adesão do substrato ao revestimento e uma elevada densidade de revestimento. É aplicável tanto a metais como a cerâmicas. Envolve menos custos de instalação em comparação com a pistola de plasma ou de detonação.

Pulverização por arco elétrico

A disposição é mostrada na Figura 2.7. É criado um arco elétrico entre as pontas de dois fios condutores. O calor produzido funde as pontas e estas pontas fundidas são deslocadas e dirigidas para um alvo por um jato de ar comprimido. Os fios são alimentados pelos mecanismos independentes de alimentação do fio. A energia eléctrica é fornecida por uma fonte de alimentação de soldadura robusta. O processo é capaz de pulverizar a uma taxa de deposição muito elevada [**9, 38**]. A configuração da pulverização por arco elétrico é simples e barata. Mas só podem ser pulverizados materiais condutores. A adesão e a densidade do revestimento do substrato não são comparáveis às da pulverização por plasma ou da pistola de detonação.

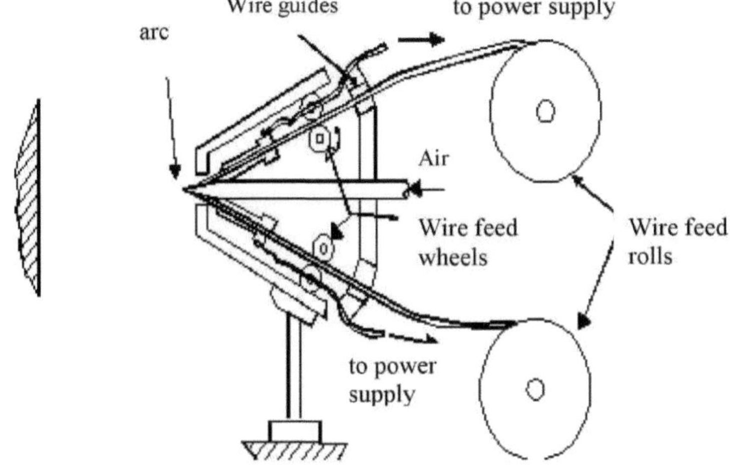

Fig. 2.7 Disposição para a pulverização por arco elétrico

Pulverização por plasma

A projeção por plasma é o processo de projeção térmica mais versátil e a disposição geral é mostrada na Figura 2.8. É criado um arco entre um cátodo de cobre com ponta de tungsténio e um ânodo de cobre anular (ambos arrefecidos a água). O gás gerador de plasma é forçado a passar através do espaço anular entre os eléctrodos. Ao passar pelo arco, o gás sofre ionização no ambiente de alta temperatura, resultando no plasma. A ionização é conseguida através de colisões de electrões do arco com as moléculas neutras do gás. O plasma sai do invólucro do elétrodo sob a forma de uma chama. O material consumível, na forma de pó, é vertido na chama em quantidades doseadas. Os pós derretem imediatamente e absorvem o impulso do gás em expansão, precipitando-se em direção ao alvo para formar uma fina camada depositada. A camada seguinte deposita-se sobre a primeira imediatamente a seguir, e assim o revestimento vai-se formando camada a camada [**7, 9, 28, 34**]. A temperatura no arco de plasma pode atingir os 10.000^0 C e é capaz de derreter qualquer coisa. É necessário um sistema de arrefecimento elaborado para proteger o plasmatrão (ou seja, o gerador de plasma) de um aquecimento excessivo. O equipamento é constituído pelos seguintes módulos [**39**].

- O plasmatrão: É o dispositivo que aloja os eléctrodos e no qual tem lugar a reação de plasma. Tem a forma de uma pistola e está ligado aos cabos de alimentação eléctrica arrefecidos a água, à mangueira de alimentação de pó e à mangueira de alimentação de gás.
- A unidade de alimentação: Normalmente, o arco de plasma funciona num ambiente de baixa tensão (40-70 volts) e alta corrente (300-1000 Amperes), DC. A energia disponível (AC, trifásica, 440 V) deve ser transformada e rectificada para se adaptar ao reator. Isto é feito pela unidade de alimentação eléctrica.
- O alimentador de pó : O pó é mantido dentro de uma tremonha. Uma linha de gás separada dirige o gás de carreira que fluidifica o pó e o transporta para o arco de plasma. O caudal do pó pode ser controlado com precisão.
- A unidade de fornecimento de água de refrigeração: Faz circular água para o plasmatrão, para a unidade de fornecimento de energia e para os cabos de alimentação. Estão igualmente disponíveis unidades capazes de fornecer água refrigerada.
- A unidade de controlo : As funções importantes (controlo da corrente, controlo do caudal de gás, etc.) são executadas pela unidade de controlo. É também constituída por relés, válvulas solenóides e outros dispositivos de encravamento essenciais para o funcionamento seguro do equipamento. Por exemplo, o arco só pode ser iniciado se a alimentação do refrigerante estiver

ligada e a pressão e o caudal da água forem adequados.

Os requisitos para a pulverização por plasma

Rugosidade da superfície do substrato: Uma superfície rugosa proporciona uma boa aderência do revestimento. Uma superfície rugosa proporciona espaço suficiente para a ancoragem dos splats, facilitando a ligação através do encravamento mecânico. Uma superfície rugosa é geralmente criada pela técnica de jato de granalha. As granalhas são mantidas dentro de uma tremonha e o ar comprimido é fornecido no fundo da tremonha. As granalhas são levadas pela corrente de ar comprimido para uma mangueira e, por fim, dirigidas para

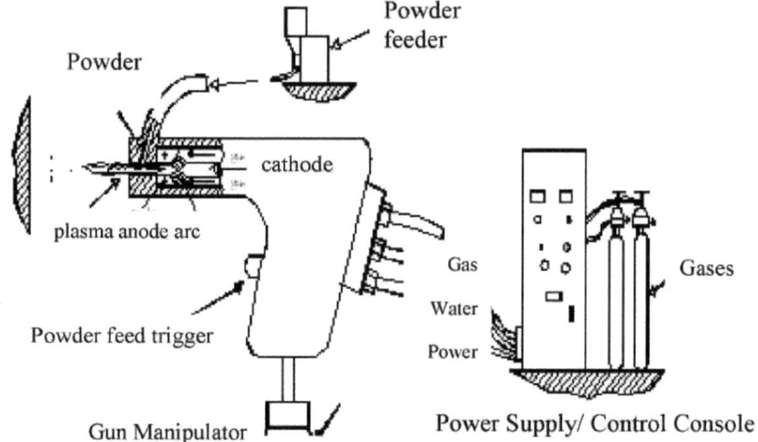

Fig. 2.8 Disposição para a projeção de plasma

um objeto mantido em frente do bocal de saída da mangueira. Os projécteis utilizados para este fim têm uma forma irregular, são altamente angulares e são constituídos por material duro como alumina, carboneto de silício, etc. Após o impacto, criam pequenas crateras na superfície por deformação plástica localizada e, finalmente, produzem uma superfície muito rugosa e altamente trabalhada. A rugosidade obtida é determinada pelos parâmetros da granalhagem, ou seja, o tamanho, a forma e o material da granalha, a pressão do ar, a distância entre o bocal e o trabalho, o ângulo de impacto, o material do substrato, etc. [**40**] . O efeito dos parâmetros de granalhagem na adesão da alumina pulverizada por plasma foi estudado [**37, 38**]. O aço macio serve como material de substrato. A adesão aumenta proporcionalmente com a rugosidade da superfície e os parâmetros acima referidos são importantes. Um intervalo de tempo significativo entre a granalhagem e a projeção de plasma provoca uma diminuição acentuada da força de ligação [**42**].

Limpeza dos substratos: O substrato a pulverizar deve estar isento de sujidade, gordura ou qualquer outro material que possa impedir o contacto íntimo entre o splat e o substrato. Para este efeito, o substrato deve ser cuidadosamente limpo (por ultra-sons, se possível) com um solvente antes da pulverização. A pulverização deve ser efectuada imediatamente após a granalhagem e a limpeza. Caso contrário, nas superfícies nascentes, as camadas de óxido tendem a crescer rapidamente e a humidade pode também afetar a superfície. Estes factores deterioram drasticamente a qualidade do revestimento [**42**].

Revestimento de ligação: Materiais como a cerâmica não podem ser pulverizados diretamente sobre metais, devido a uma grande diferença entre os seus coeficientes de expansão térmica. As cerâmicas têm um valor muito mais baixo de a e, por isso, sofrem uma contração muito menor em comparação com a base metálica para formar uma superfície em compressão. Se a tensão de compressão exceder um determinado limite, o revestimento descola-se. Para atenuar este problema, um material adequado, geralmente metálico de valor intermédio a, é pulverizado a plasma sobre o substrato, seguido da pulverização a plasma de cerâmica. O revestimento de ligação pode também ser útil para revestimentos de topo metálicos. O molibdénio é um exemplo clássico de revestimento de ligação para revestimentos de topo metálicos. O molibdénio adere muito bem ao substrato de aço e desenvolve uma superfície superior algo rugosa, ideal para a pulverização do revestimento superior. A escolha dos revestimentos de ligação depende da aplicação. Por exemplo, em aplicações de desgaste, pode ser utilizada uma combinação de revestimentos de topo e de ligação de alumina e Ni-Al [43]. Na aplicação de barreira térmica, são populares as camadas de ligação CoCrAlY ou Ni-Al [44] e a camada superior de zircónio. Os revestimentos cerâmicos, quando sujeitos a cargas hertzianas, deformam-se elasticamente e o substrato metálico deforma-se plasticamente. Durante a descarga, tem lugar a recuperação elástica do revestimento, ao passo que no caso do substrato metálico já se registou uma fixação permanente. Devido a este desfasamento elastoplástico, o revestimento tende a fragmentar-se na interface. Um revestimento de ligação pode também reduzir este desfasamento [45].

<u>Água de arrefecimento</u>: Para efeitos de arrefecimento, deve ser utilizada água destilada, sempre que possível. Normalmente, um pequeno volume de água destilada é recirculado na pistola e esta é arrefecida por uma fonte de água externa proveniente de um grande depósito. Por vezes, a água de um grande tanque externo é bombeada diretamente para a pistola [39] .

Parâmetros do processo de pulverização por plasma

Na pulverização por plasma, é necessário lidar com uma série de parâmetros do processo, que determinam o grau de fusão das partículas, a força de adesão e a eficiência de deposição do pó [46]. A eficiência da deposição é o rácio entre a quantidade de pó depositado e a quantidade introduzida na pistola. A literatura apresenta uma lista elaborada destes parâmetros e dos seus efeitos [47 - 50]. Alguns parâmetros importantes e as suas funções são enumerados a seguir:

<u>Potência do arco</u> : É a potência eléctrica absorvida pelo arco. A energia é injectada no gás de plasma, que por sua vez aquece o fluxo de plasma. Parte da energia é dissipada sob a forma de radiação e também pela água de arrefecimento da pistola. A potência do arco determina o caudal de massa de um determinado pó que pode ser efetivamente fundido pelo arco. A eficiência da deposição melhora até certo ponto com um aumento da potência do arco, uma vez que está associada a uma maior fusão das partículas [42,47,51]. No entanto, o aumento da potência para além de um determinado limite pode não causar uma melhoria significativa. Pelo contrário, uma vez atingida a fusão completa das partículas, uma temperatura mais elevada do gás pode revelar-se prejudicial. No caso do aço, a certa altura pode ocorrer vaporização, o que diminui a eficiência da deposição.

<u>Gás de plasma</u>: Normalmente, utiliza-se azoto ou árgon dopado com cerca de 10% de hidrogénio ou hélio como gás de plasma. O maior constituinte da mistura gasosa é conhecido como gás primário e o menor é conhecido como gás secundário. As moléculas neutras são submetidas ao bombardeamento de electrões, o que resulta na sua ionização. Tanto a temperatura como a entalpia do gás aumentam à medida que este absorve energia. Uma vez que o azoto e o hidrogénio são gases diatómicos, sofrem primeiro uma dissociação seguida de ionização. Assim, necessitam de uma maior quantidade de energia para entrar no estado de plasma. Esta energia extra aumenta a entalpia do plasma. Por outro lado, os gases de plasma mono atómicos, ou seja, o árgon ou o hélio, aproximam-se de uma temperatura muito mais elevada na gama de entalpia normal. Espera-se que tenham uma boa capacidade de aquecimento a uma temperatura tão elevada [52]. Além disso, o hidrogénio seguido do hélio tem um calor específico muito elevado, pelo que é capaz de adquirir uma entalpia muito elevada. Quando o árgon é dopado com hélio, o cone de pulverização torna-se bastante estreito, o que é especialmente útil para a pulverização em alvos pequenos.

<u>Gás de arrastamento</u>: Normalmente, o próprio gás primário é utilizado como gás de transporte. O caudal do gás de transporte é um fator importante. Um caudal muito baixo não pode transportar o pó eficazmente para o jato de plasma e, se o caudal for muito elevado, os pós podem escapar à região mais quente do jato. Existe um caudal ótimo para cada pó, no qual a fração de pó não fundido é mínima e, por conseguinte, a eficiência da deposição é máxima [47].

<u>Caudal mássico do pó</u> : É necessário determinar o caudal mássico ideal para cada pó. A pulverização com um caudal mássico inferior, mantendo todas as outras condições constantes, resulta numa

subutilização e numa lenta formação do revestimento. Por outro lado, um caudal mássico muito elevado pode dar origem a uma fusão incompleta, resultando numa grande quantidade de porosidade no revestimento. Os pós não fundidos podem também saltar da superfície do substrato, mantendo a eficiência da deposição baixa [**46, 47**].

<u>Distância entre a tocha e a base</u>: É a distância entre a ponta da pistola e a superfície do substrato. Uma distância longa pode resultar no congelamento das partículas fundidas antes de atingirem o alvo, enquanto que uma distância curta pode não dar tempo suficiente para as partículas em voo se fundirem [**42, 47**]. A relação entre as propriedades do revestimento e os parâmetros de pulverização na pulverização de alumina alfa foi estudada em pormenor [**53**]. Verifica-se que a porosidade aumenta e a espessura do revestimento (e, por conseguinte, a eficiência da deposição) diminui com o aumento da distância de afastamento. A transformação habitual da fase alfa em fase gama durante a pulverização por plasma de alumina também foi restringida pelo aumento desta distância. Uma maior fração das partículas não fundidas entra no revestimento devido a um aumento da distância entre a tocha e a base.

<u>Ângulo de pulverização</u>: Este parâmetro é variado para se adaptar à forma do substrato. No revestimento de alumina sobre um substrato de aço macio, a porosidade do revestimento aumenta à medida que o ângulo de projeção aumenta de 30° para 60°. Para além de 60°, o nível de porosidade não é afetado por um aumento adicional do ângulo de pulverização [**54**]. O ângulo de pulverização também afecta a resistência adesiva do revestimento [**55, 56**]. A influência do ângulo de pulverização na resistência coesiva da crómio, zircónio 8-wt% ítria e molibdénio foi investigada, e verificou-se que o ângulo de pulverização não tem muita influência na resistência coesiva dos revestimentos [**57**].

<u>Arrefecimento do substrato</u>: Durante uma pulverização contínua, o substrato pode aquecer e desenvolver uma distorção relacionada com o stress térmico, acompanhada de um descolamento do revestimento. Isto é especialmente verdadeiro em situações em que são aplicados depósitos espessos. Para controlar a temperatura do substrato, este é mantido frio por um sistema auxiliar de fornecimento de ar. Além disso, o jato de ar de arrefecimento remove as partículas não fundidas da superfície revestida e ajuda a reduzir a porosidade [**42**].

<u>Variáveis relacionadas com o pó</u>: Estas variáveis são a forma, o tamanho e a distribuição do tamanho do pó, o historial do processamento, a composição das fases, etc. Constituem um conjunto de parâmetros extremamente importantes. Por exemplo, numa dada situação, se o tamanho do pó for demasiado pequeno, pode ser vaporizado. Por outro lado, uma partícula muito grande pode não fundir substancialmente e, por conseguinte, não se depositar. A forma do pó também é muito importante. Um pó esférico não terá as mesmas características que os angulares e, por conseguinte, ambos não poderão ser pulverizados utilizando o mesmo conjunto de parâmetros [**34, 58, 59**].

<u>Pré-aquecimento do substrato</u>: A superfície nascente do substrato jateado absorve água e oxigénio imediatamente após o jateamento. Antes da pulverização, o substrato deve ser pré-aquecido para remover a humidade da superfície e também para obter um efeito de limpeza da superfície pelos iões do plasma [**42**].

<u>Ângulo de injeção do pó</u>: Os pós podem ser injectados no jato de plasma perpendicularmente, coaxialmente ou obliquamente. O tempo de permanência dos pós no jato de plasma varia com o ângulo de injeção para um determinado caudal de gás de transporte. O tempo de permanência, por sua vez, influenciará o grau de fusão de um determinado pó. Por exemplo, para fundir materiais com elevado ponto de fusão, pode ser útil um tempo de residência longo e, por conseguinte, uma injeção oblíqua. Verifica-se que o ângulo de injeção também influencia a resistência coesiva e adesiva dos revestimentos [**7,39**].

2.3 REVESTIMENTOS RESISTENTES AO DESGASTE

Atualmente, está disponível comercialmente uma variedade de materiais, por exemplo, carbonetos, óxidos, metálicos, etc., pertencentes à categoria acima referida. Os revestimentos resistentes ao desgaste podem ser classificados nas seguintes categorias: [**7**]

(i) Carbonetos: WC, TiC, SiC, ZrC, Cr2C3, etc.

(ii) Óxidos: Al2O3, Cr2O3, TiO2, ZrO2, etc.

(iii) Metálicos: NiCrAlY, Ni-Al, Fe-Al, Triballoy, etc.

(iv) Diamante

A escolha de um material depende da aplicação. No entanto, os revestimentos cerâmicos são muito duros e, por conseguinte, oferecem, em média, uma maior resistência à abrasão do que os seus homólogos metálicos.

Revestimentos de metal duro

Entre os carbonetos, o WC é muito popular para aplicações de desgaste e corrosão [**56**]. Os pós de WC são revestidos com uma camada de cobalto. Durante a pulverização, a camada de cobalto sofre fusão e, após solidificação, forma uma matriz metálica na qual as partículas duras de WC permanecem embebidas. A pulverização de WC-Co implica um controlo rigoroso dos parâmetros do processo, de modo a que apenas a fase de cobalto derreta sem degradar as partículas de WC. Esta degradação pode ocorrer de duas formas:

- A oxidação da WC leva à formação de CoWO4 e WC2 [**61**].
- A dissolução do WC na matriz de cobalto leva à formação de fases frágeis como o CoW3C, que fragiliza o revestimento [**62**].

Um aumento da distância de pulverização e um aumento associado do tempo de voo conduzem a uma perda de carbono e a uma captação de oxigénio. Como resultado, a dureza do revestimento diminui [**63**]. Um aumento do caudal de gás de plasma reduz o tempo de permanência e, por conseguinte, pode controlar a oxidação até certo ponto. No entanto, aumenta a possibilidade de dissolução do cobalto na matriz [**64**]. A outra opção para melhorar a qualidade deste tipo de revestimento é efetuar o procedimento de pulverização em vácuo [**62**].

Muitas vezes, carbonetos como TiC, TaC e NbC são fornecidos juntamente com WC no cermet para melhorar a resistência à oxidação, a dureza e a resistência a quente. Da mesma forma, a fase ligante é também modificada pela adição de crómio e níquel ao cobalto [**7**]. O mecanismo de desgaste dos revestimentos WC-Co pulverizados por plasma depende de vários factores, por exemplo, propriedades mecânicas, teor de cobalto, condições experimentais, superfícies de contacto, etc. O modo de desgaste pode ser abrasivo, [**65, 66, 67**] adesivo ou por fadiga superficial [**68, 69**]. O coeficiente de atrito do WC-Co (em condição de auto-matação) aumenta com o aumento do teor de cobalto [**68**]. Um revestimento de WC-Co, quando testado a uma temperatura de 450°C, apresenta sinais de fusão [**70**]. A resistência ao desgaste destes revestimentos também depende da porosidade [**66**]. Os poros também podem atuar como fonte a partir da qual as fissuras podem crescer. A difusividade térmica dos revestimentos é outro fator importante. Em regiões de contacto estreitas, pode ocorrer uma geração excessiva de calor devido à fricção. Se a difusividade térmica do revestimento for baixa, o calor não pode sair facilmente de uma região estreita, o que resulta num aumento da temperatura e, por conseguinte, ocorre uma falha devido ao stress térmico [**66, 70**]. O mecanismo de desgaste do revestimento nanocompósito WC-Co em substratos de aço macio foi estudado em pormenor [**71**]. As taxas de desgaste destes revestimentos são muito superiores às do revestimento compósito WC-Co comercial, presumivelmente devido a uma maior decomposição das nanopartículas durante a pulverização. Verificou-se que o desgaste ocorre por fissuração subsuperficial ao longo das trajectórias de fissuração preferenciais proporcionadas pela fase ligante ou por falha na fronteira entre placas.

Os revestimentos de TiC ou TiC+ TaC com um revestimento de níquel são soluções alternativas para os problemas de desgaste e corrosão. A estabilidade a altas temperaturas, o baixo coeficiente de expansão térmica, a elevada dureza e a baixa gravidade específica destes revestimentos podem ter um desempenho superior ao de outros materiais, especialmente em ambiente de vapor [**7**]. Em vez de níquel, a liga de níquel-crómio pode servir de material de matriz [**72, 73**]. O modo de desgaste pode ser adesivo, abrasivo, por fadiga superficial ou micro-fratura, dependendo das condições de funcionamento [**69, 73**].

Um revestimento de Cr3C2 (com revestimento de liga de Ni-Cr) é conhecido pela sua excelente resistência ao desgaste por deslizamento e superior resistência à oxidação e à erosão, embora a sua dureza seja inferior à do WC [**7**]. Após a pulverização no ar, o Cr3C2 perde carbono e transforma-se em Cr7C3. Esta transformação melhora geralmente a dureza e a resistência à erosão do revestimento

[**74**]. O comportamento ao desgaste por deslizamento do compósito Cr3C2 -Ni -Cr foi estudado por vários autores contra vários metais e cerâmicas [**66, 69, 75**]. Considera-se que, com cargas mais baixas, o desgaste se deve ao desprendimento de salpicos da superfície. À medida que a carga aumenta, entram em ação a fusão, a deformação plástica e a rutura por cisalhamento.

Revestimentos de óxido

Os revestimentos metálicos e os revestimentos de metal duro que contêm metal, por vezes, não são adequados para ambientes de alta temperatura, tanto em aplicações de desgaste como de corrosão. Muitas vezes, falham devido à oxidação ou descarbonetação. Nesse caso, o material de eleição pode ser um revestimento cerâmico de óxido, por exemplo, Al2O3.Cr2O3, TiO2, ZrO2 ou as suas combinações. No entanto, a elevada resistência ao desgaste e a estabilidade química e térmica destes materiais são contrabalançadas pelas desvantagens dos baixos valores do coeficiente de expansão térmica, da condutividade térmica, da resistência mecânica, da resistência à fratura e de uma adesão algo mais fraca ao material do substrato. A espessura destes revestimentos é também limitada pela tensão residual que aumenta com a espessura. Por conseguinte, para obter um revestimento de boa qualidade, é essencial efetuar uma escolha adequada da camada de ligação, dos parâmetros de pulverização e dos aditivos de reforço [**7**].

Revestimentos de crómio (Cr2O3)

Estes revestimentos são aplicados quando a resistência à corrosão é necessária, para além da resistência à abrasão. Adere bem ao substrato e apresenta uma dureza excecionalmente elevada, 2300 HV 0,5 kg [**7**]. Os revestimentos de crómio são também úteis em motores de navios e outros motores diesel, bombas de água e rolos de impressão [**7**]. Um revestimento de Cr2O3-40 wt% TiO2 proporciona um coeficiente de atrito muito elevado (0,8), pelo que pode ser utilizado como revestimento de travões [**7**]. O modo de desgaste dos revestimentos de crómio foi investigado em várias condições. Dependendo das condições experimentais, o modo de desgaste pode ser abrasivo [**68**], por deformação plástica [**69, 70, 76**], por microfractura [**77**] ou um conglomerado de todos estes processos [**78**]. Este material foi também testado em condições de lubrificação, utilizando soluções de sais inorgânicos (NaCl, NaNO3, Na3PO4) como lubrificantes e também a alta temperatura. Verificou-se que a taxa de desgaste da cromia auto-matada aumenta consideravelmente a 450°C, sendo a deformação plástica e a fadiga superficial os mecanismos de desgaste predominantes [**79**]. Em condições de lubrificação, os revestimentos apresentam desgaste triboquímico [**80**]. Também foi testada a sua resistência à erosão [**81**].

Revestimentos de zircónio (ZrO2)

O zircónio é amplamente utilizado como revestimento de barreira térmica. No entanto, é dotada das qualidades essenciais de um material resistente ao desgaste, isto é, dureza, inércia química, etc. e apresenta um comportamento ao desgaste razoavelmente bom. No caso de uma zircónia prensada a quente acoplada com ferro com elevado teor de crómio (martensítico, austenítico ou perlítico), verificou-se que, durante a fricção, o ferro se transfere para a superfície cerâmica e o material austenítico adere bem à cerâmica em comparação com os seus homólogos martensíticos ou perlíticos [**82**]. A película espessa melhora a transferência de calor da área de contacto, mantendo a temperatura de contacto razoavelmente baixa; assim, a transformação do ZrO2 é evitada. Por outro lado, com o ferro perlítico ou martensítico, a transferência de material é limitada. A temperatura de contacto é suficientemente elevada para provocar uma transformação de fase e a correspondente alteração de volume no ZrO2, causando uma fragmentação induzida por tensão. Numa experiência semelhante, o comportamento de desgaste da zircónia sinterizada, parcialmente estabilizada (PSZ) com 8 wt% de ítria contra PSZ e aços foi testado a 200°C. Quando os metais são utilizados como superfície de contacto, forma-se rapidamente uma camada transferida na superfície cerâmica (revestida ou sinterizada) [**83**]. No sistema cerâmica-cerâmica, o desgaste de contacto é de natureza abrasiva. Contudo, partículas de desgaste semelhantes permanecem presas entre as superfícies de contacto e induzem também um desgaste de polimento. No intervalo de carga de 10 a 40 N, não ocorre transformação de ZrO2 [**83, 84**]. No entanto, testes semelhantes efectuados a 800°C mostram uma transformação de fase de ZrO2 monoclínico para ZrO2 tetragonal [**85**]. Os resíduos de desgaste de ZrO2 por vezes compactam-se em cargas repetidas e fixam-se à superfície desgastada, formando uma camada protetora [**86**]. Durante a fricção, as fissuras pré-existentes ou recém-formadas podem crescer rapidamente e eventualmente interligar-se umas com as outras, conduzindo a uma fragmentação do revestimento [**87**]. As partículas desgastadas ficam presas entre as superfícies de contacto e desgastam o revestimento. Foi estudado o desempenho do desgaste de revestimentos de ZrO_2-12 mol% CeO_2 e ZrO_2-12 mol% CeO_2 -10 mol% Al_2O_3 contra um aço de rolamento sob várias cargas [**88**]. Verificou-se que a introdução de alumina como dopante melhora significativamente o desempenho da cerâmica em termos de desgaste. Neste caso, a deformação plástica é o principal modo de desgaste. O desempenho de desgaste da zircónia a 400°C e 600°C foi relatado na literatura [**89**]. A estas temperaturas o modo adesivo de desgaste desempenha o papel principal.

Revestimento de Titânia (TiO_2)

O revestimento de titânio é conhecido pela sua elevada dureza, densidade e força de adesão [**66, 69**]. Tem sido utilizado para combater o desgaste abrasivo, erosivo e por atrito, quer na forma essencialmente pura, quer em associação com outros compostos [**90, 91**]. O mecanismo de desgaste do TiO_2 a 450°C, em condições de contacto lubrificado e seco, foi estudado [**69, 70**]. Verificou-se que sofre uma mancha plástica em contacto lubrificado, ao passo que falha devido à fadiga superficial em condições secas. Os pares TiO_2-aço inoxidável em várias condições de carga de velocidade também foram investigados em pormenor [**92**]. A uma carga relativamente baixa, a falha deve-se à fadiga da superfície e ao desgaste adesivo, enquanto que a uma carga elevada a falha é atribuída à abrasão e à delaminação associadas a um movimento para a frente e para trás [**93**]. A baixa velocidade, a camada de aço transferida oxida-se para formar Fe_2O_3 e o desgaste progride por adesão e fadiga superficial. A uma velocidade elevada, forma-se Fe_3O_4 em vez de Fe_2O_3 [**94**]. A camada superior de TiO_2 também amolece e funde devido a um aumento acentuado da temperatura, o que ajuda a reduzir a temperatura subsequentemente [**95**]. O desempenho do TiO_2 puro pulverizado por plasma foi comparado com o do Al_2O_3 - 40 wt% TiO_2 e do Al_2O_3 puro em condições de contacto seco e lubrificado [**96**]. O TiO_2 apresenta os melhores resultados. O TiO_2, devido à sua porosidade relativamente elevada, pode proporcionar uma boa ancoragem à película transferida e também pode reter os lubrificantes eficazmente [**97**].

Revestimentos de alumina (Al_2O_3)

A alumina é obtida a partir de um mineral chamado bauxite, que existe na natureza sob a forma de várias fases hidratadas, por exemplo, boemite (Y-Al_2O_3, H_2O), hidragilato, diásporo (a-AhO_3. $3H_2O$). Também existe em várias outras formas metaestáveis como P, 6, 9, n, K e X [**98**]. a -Al_2O_3 é conhecido por ser uma fase estável e está disponível na natureza na forma de corindo. Além disso, o a-AhO_3 pode ser extraído das matérias-primas através da sua fusão.

A transformação de fase durante a congelação das gotículas de alumina pulverizadas por plasma foi estudada em pormenor [**99, 100**]. A partir das partículas fundidas, o Y-Al_2O_3 tende a nuclear-se, uma vez que a transformação de líquido para Y envolve uma baixa energia interfacial. A fase finalmente formada após o arrefecimento depende do diâmetro da partícula. Para diâmetros de partícula inferiores a 10 |im, a forma metaestável é mantida (y, 6, P ou 9). A pulverização por plasma de partículas de alumina com um diâmetro médio de 9 |im resulta no desenvolvimento da fase gama no revestimento após o arrefecimento [**101**]. A forma a é encontrada na partícula de grande diâmetro. De facto, quanto maior for o diâmetro, maior será a fração de a-AhO_3 no sólido arrefecido. Esta forma é desejável pelas suas propriedades de desgaste superiores. Para além da taxa de arrefecimento, uma forma de obter a fase finalmente formada é variar a temperatura do substrato. Se a temperatura do substrato for mantida a 900^0 C, forma-se a fase 6. O a-Al_2O_3 pode ser formado aumentando a temperatura do substrato para 1100^0 C, resultando num arrefecimento lento. Durante a congelação, o calor latente de solidificação é absorvido na poça ainda fundida. Se esta geração de calor for equilibrada pela transferência de calor para o substrato, os cristais colunares crescem. Por outro lado, se a transferência de calor acima mencionada for mais rápida do que a taxa de injeção de calor da frente de solidificação em crescimento, é suposto formarem-se cristais equi-axiais. Na realidade, os cristais colunares são geralmente encontrados.

A alumina apresenta várias vantagens como material estrutural, por exemplo, disponibilidade, dureza, elevado ponto de fusão, resistência ao desgaste, etc. Liga-se bem aos substratos metálicos quando é aplicada como revestimento sobre eles. Algumas das aplicações da alumina são em rolamentos, válvulas, vedantes de bombas, êmbolos, componentes de motores, bocais de foguetões, escudos para mísseis guiados, invólucros de tubos de vácuo, circuitos integrados, etc. Atualmente, estão a ser utilizados no Japão componentes ferroviários revestidos de alumina pulverizada por plasma [102]. As propriedades da alumina podem ainda ser complementadas pelo reforço com partículas (TiO_2, TiC) ou com bigodes (SiC) [103]. O reforço com TiC limita o crescimento do grão, melhora a resistência e a dureza, e também retarda a propagação de fissuras através da matriz de alumina [104]. Foi estudado o comportamento de desgaste por deslizamento da alumina monolítica e da alumina reforçada com whiskers de SiC [105]. Verificou-se que o compósito reforçado com whiskers tem uma boa resistência ao desgaste. A alumina monolítica tem uma resposta frágil ao desgaste por deslizamento, enquanto a superfície desgastada do compósito revela sinais de deformação plástica juntamente com fratura. Os whiskers também sofrem arrancamento ou fratura.

O TiO_2 é um aditivo comummente utilizado no pó de alumina pulverizável por plasma [106, 107]. O TiO_2 tem um ponto de fusão relativamente baixo e liga efetivamente os grãos de alumina. No entanto, o êxito de um revestimento Al_2O_3-TiO_2 depende de uma seleção criteriosa da corrente do arco, que pode fundir eficazmente os pós. Isto resulta numa boa adesão do revestimento juntamente com uma elevada resistência ao desgaste [51]. O desempenho em termos de desgaste de Al_2O_3 e Al_2O_3 -50 wt% TiO_2 foi relatado na literatura [96]. Nos ensaios de abrasão em areia seca, a alumina teve um desempenho superior aos outros, presumivelmente devido à sua elevada dureza [108]. No deslizamento a seco a baixa velocidade, o tribocouple (cerâmica e aço inoxidável endurecido) apresenta deslizamento por aderência [109]. A velocidades relativamente elevadas, o coeficiente de atrito diminui devido ao amolecimento térmico da interface [95]. Verifica-se que o desgaste da alumina aumenta consideravelmente para além de uma velocidade crítica e de uma carga crítica. Verificou-se que a alumina falha por deformação plástica, cisalhamento e arrancamento de grãos. Também no deslizamento a seco e lubrificado, a cerâmica mista teve um melhor desempenho do que a alumina pura. Um revestimento de Al_2O_3 -50 wt% TiO_2 é bastante poroso e, por conseguinte, é capaz de reter a camada metálica transferida que protege a superfície [97]. O desempenho de tais revestimentos em termos de desgaste pode ainda ser melhorado através da selagem dos poros por substâncias poliméricas [43]. A baixa difusividade térmica dos revestimentos de alumina resulta numa elevada tensão térmica localizada na superfície. O modo de desgaste da alumina é principalmente abrasivo. O tamanho e a distribuição do tamanho dos poros também desempenham um papel vital na determinação das propriedades de desgaste. O revestimento Al_2O_3 - TiO_2 tem uma elevada difusividade térmica e, por isso, é menos suscetível ao desgaste.

O comportamento de desgaste por deslizamento da alumina pulverizada por plasma contra o aço AISI-D2 sob diferentes condições de carga de velocidade foi relatado [110]. Dentro da gama de carga utilizada (45N-133N), o gráfico de desgaste vs carga mostra um máximo. Na fase inicial, o volume de desgaste aumenta com a carga para um determinado número de ciclos de deslizamento. Para além de uma determinada carga, devido à carga e ao aquecimento por fricção, ocorre um fluxo plástico importante na superfície do revestimento. O fluxo plástico leva a um aumento da área real de contacto e a uma redução correspondente da tensão normal, embora a carga normal aumente [111]. Como resultado, o desgaste diminui com um aumento da carga para além de uma carga normal crítica. Por outro lado, o gráfico do desgaste vs. velocidade de deslizamento também apresenta um máximo dentro da gama de velocidades utilizada (0,31 a 8 m/s). Numa gama de velocidades baixa, as asperezas movem-se umas contra as outras e deformam-se mutuamente no processo. À medida que a velocidade aumenta, as asperezas são sujeitas a fortes impactos e tendem a ser fracturadas a partir da raiz, produzindo um maior volume de detritos. A uma velocidade muito elevada, o aumento de temperatura relacionado com o atrito torna-se suficientemente elevado para amolecer as asperezas, protegendo-as assim da fratura. A taxa de desgaste mantém-se baixa em tais circunstâncias. Por conseguinte, a deformação plástica e a fratura frágil constituem os mecanismos de rutura.

Revestimentos metálicos

Os revestimentos metálicos podem ser facilmente aplicados por pulverização por chama ou por técnicas de soldadura, o que torna o processo muito económico. Além disso, os consumíveis

metálicos pulverizáveis por plasma também estão disponíveis em grande quantidade. Os materiais metálicos resistentes ao desgaste são classificados em três categorias:
(i) ligas à base de cobalto
(ii) ligas à base de níquel
(iii) ligas à base de ferro
Os elementos de liga comuns numa liga à base de cobalto são Cr, Mo, W e Si. A microestrutura é constituída por carbonetos dispersos do tipo M7C3 numa matriz de FCC rica em cobalto. Os carbonetos proporcionam a necessária resistência à abrasão e à corrosão. A dureza a temperaturas elevadas é mantida pela matriz [**112, 113**]. Por vezes, forma-se um composto intermetálico fechado na matriz, que é conhecido como fase Laves. Esta fase é relativamente macia, mas oferece uma resistência significativa ao desgaste [**114**]. Os principais elementos de liga nas ligas à base de Ni são Si, B, C e Cr. A resistência à abrasão pode ser atribuída à formação de boretos de crómio extremamente duros. Para além dos carbonetos, a fase Laves também está presente na matriz [**112**]. As ligas à base de ferro são classificadas em aços perlíticos, aços austeníticos, aços martensíticos e ferros de alta liga. Os principais elementos de liga utilizados são Mo, Ni, Cr e C. Os materiais mais macios, por exemplo, ferríticos, destinam-se à reconstrução. Os materiais mais duros, por exemplo, martensíticos, por outro lado, proporcionam resistência ao desgaste. Estas ligas não possuem grande resistência à corrosão, à oxidação ou à fluência [**112, 115, 116**]. O NiCoCrAlY é um exemplo de superliga pulverizável por plasma. Apresenta uma excelente resistência à corrosão a altas temperaturas, pelo que tem aplicação em lâminas de turbinas a gás. A flexibilidade da composição destes revestimentos permite a adaptação da composição do revestimento para melhorar as propriedades e a compatibilidade com o substrato de revestimento. Além disso, serve como revestimento de ligação para revestimentos de barreira térmica à base de zircónio [**7, 117**].
Revestimentos de diamante
As películas finas de diamante para aplicações industriais são normalmente produzidas por CVD, CVD assistida por plasma, deposição por feixe de iões e técnica de ablação por laser [**118, 119**]. Estes revestimentos são utilizados em dispositivos electrónicos e em revestimentos ultra-resistentes ao desgaste. A limitação dos métodos acima referidos reside nas suas taxas de deposição lentas. O processo DIA-JET que envolve um plasma DC Ar/H2 com gás metano fornecido no jato de plasma é capaz de depositar películas de diamante a uma taxa elevada [**120**]. No entanto, o processo é extremamente sensível aos parâmetros do processo. A deposição de películas de diamante também é possível utilizando um maçarico de oxi-acetileno [**121**]. Uma limitação significativa de um revestimento de diamante é o facto de não poder ser friccionado contra materiais ferrosos, devido a uma transformação de fase que conduz à formação de outros alótropos de carbono [**122**]. As películas de diamante são testadas quanto ao desgaste por deslizamento contra papéis abrasivos, onde o desgaste progride por microfractura dos grãos de diamante salientes. O processo continua até a superfície se tornar plana e, a partir daí, o desgaste progride por fragmentação interfacial. Por conseguinte, a vida do revestimento é limitada pela sua espessura [**123**].
Revestimentos de Alumineto de Níquel
O alumineto de níquel é outro exemplo de um potencial material de revestimento. A mistura de pós de Ni-Al, quando pulverizada, reage exotermicamente para formar alumineto de níquel. Esta reação melhora a aderência do revestimento ao substrato. Para além das aplicações relacionadas com o desgaste, é sobretudo utilizado como revestimento de ligação para materiais cerâmicos [**44**]. Os revestimentos à base de níquel são utilizados em aplicações que requerem resistência ao desgaste combinada com resistência à oxidação ou à corrosão a quente [**124**]. De facto, as ligas à base de níquel representam uma parte significativa da atividade global de pulverização térmica. Estes materiais são amplamente utilizados como revestimentos de ligação em várias aplicações que requerem uma combinação de propriedades, tais como boa resistência ao desgaste e resistência à corrosão ao mesmo tempo [**125,126**]. Os compostos intermetálicos são também muito utilizados em aplicações estruturais a alta temperatura [**3,4,127,128**]. Em particular, as ligas de níquel-alumínio e os seus derivados têm uma procura potencial na indústria aeroespacial e noutras aplicações de elevado desempenho, dado que o limite de elasticidade destas ligas aumenta com o aumento da temperatura

até 600° **C [3, 4]**.

O alumineto de níquel, Ni3Al, tem atraído uma enorme atenção devido ao seu interesse tecnológico e científico. Tecnologicamente, o Ni3Al é o constituinte de reforço mais importante, amplamente utilizado como material estrutural a alta temperatura para motores a jato e aplicações aeroespaciais. o Ni3Al contendo cerca de 25 % em peso de Al tem a capacidade de formar escamas protectoras de óxido de alumínio, resultando numa excelente resistência à oxidação. Atualmente, o interesse industrial pelas ligas à base de Ni3Al é elevado. Este interesse deve-se ao facto de as ligas possuírem uma combinação única de propriedades, incluindo elevada resistência e boa resistência à oxidação e à corrosão a temperaturas elevadas, e uma densidade relativamente baixa em comparação com muitas superligas à base de níquel para altas temperaturas. O quadro 2.1 apresenta um breve resumo destas aplicações. [**129**].

PROPRIEDADES	APLICAÇÕES
Vida útil à fadiga melhorada e potencial de baixo custo Boa resistência à oxidação a altas temperaturas, excelente resistência a altas taxas de deformação. • Resistência à cementação e atmosferas oxidantes. • Resistência a altas temperaturas , boa resistência à oxidação e à corrosão. • Excelente vibração , cavitação resistência na água • Resistência a baixas e altas temperaturas e propriedades de corte. • Resistência superior e resistência à deformação.	Rotores de turbocompressores em camiões com motor diesel. • Materiais de molde para forjamento isotérmico. Material de molde para processamento de vidro Material de fixação para tratamento térmico de peças de automóvel em fornos de alta temperatura. • Rolos para fornos de aquecimento de placas de aço • Rotores de turbinas hidráulicas • Ferramentas de corte. • Palhetas de lâminas de turbinas para motores a jato

Quadro 2.1 Propriedades e aplicações do Alumineto de Níquel

2.4 DESGASTE POR EROSÃO DOS REVESTIMENTOS DE SUPERFÍCIE

A Erosão de Partículas Sólidas (SPE) é um processo de desgaste em que as partículas embatem nas superfícies e promovem a perda de material. Durante o voo, uma partícula transporta momentum e energia cinética, que podem ser dissipados durante o impacto, devido à sua interação com a superfície do alvo. Foram propostos diferentes modelos que permitem estimar as tensões que uma partícula em movimento irá impor a um alvo [**130**]. Foi observado experimentalmente por muitos investigadores que, durante o impacto, o alvo pode ser localmente riscado, extrudido, fundido e/ou fissurado de diferentes formas [**131,132,133**] . O dano superficial imposto varia consoante o material do alvo, a partícula erodente, o ângulo de impacto, o tempo de erosão, a velocidade da partícula, a temperatura e a atmosfera [**131,134**] .

Os revestimentos aspergidos por plasma são atualmente utilizados como revestimentos resistentes à erosão ou à abrasão numa grande variedade de aplicações [**135**] . Uma investigação aprofundada mostra que os parâmetros de deposição, como a entrada de energia no plasma e as propriedades do pó, afectam a porosidade, a dimensão das manchas, a composição das fases, a dureza, etc., dos revestimentos pulverizados por plasma [**136 - 140**]. Estes, por sua vez, têm influência na resistência ao desgaste por erosão dos revestimentos. Os estudos quantitativos do efeito erosivo combinado de impactos repetidos são muito úteis para prever o tempo de vida dos componentes, para comparar o desempenho dos materiais e também para compreender os mecanismos de dano subjacentes envolvidos.

A resistência dos componentes de engenharia que se deparam com o ataque de ambientes erosivos durante o funcionamento pode ser melhorada através da aplicação de revestimentos cerâmicos nas suas superfícies. Alonso et. al. [**141**] experimentaram a produção de revestimentos resistentes à erosão por projeção de plasma em compósitos de fibra de carbono e epóxi e o estudo do seu comportamento à erosão. A sensibilidade térmica do substrato compósito exige um procedimento de projeção específico para evitar a sua degradação. Além disso, foram experimentadas várias camadas de ligação para permitir a pulverização dos revestimentos protectores. Dois revestimentos funcionais diferentes; um cermet (WC-12 Co) e um óxido cerâmico (Al2O3) foram pulverizados sobre uma camada de ligação alumínio-vidro. A microestrutura e as propriedades destes revestimentos foram estudadas e o seu comportamento à erosão foi determinado experimentalmente num dispositivo de ensaio de erosão. Tabakoff e Shanov [**142**] conceberam uma instalação de ensaio de erosão a alta temperatura para fornecer dados de erosão na gama de temperaturas de funcionamento registadas em compressores e turbinas. Para além das temperaturas elevadas, a instalação simula adequadamente todos os parâmetros de erosão importantes do ponto de vista da aerodinâmica. Estes incluem a velocidade das partículas, o ângulo de impacto, o tamanho das partículas, a concentração de partículas e o tamanho da amostra. Os autores relataram o comportamento de erosão de um revestimento de carboneto de titânio exposto a cinzas volantes e partículas de cromite. Foi utilizada a técnica de deposição química de vapor (CVD) para aplicar um revestimento cerâmico em superligas à base de níquel e cobalto (M246 e X40). Os provetes de ensaio foram expostos a um fluxo carregado de partículas a velocidades de 305 e 366ms^{-1} e a temperaturas de 550°C e 815°C.

Estão disponíveis vários relatórios sobre o comportamento à erosão dos revestimentos de alumina. A resistência à erosão destes revestimentos depende da coesão entre placas, da forma, tamanho e dureza das partículas erodentes, da velocidade das partículas, do ângulo de impacto e da presença de fissuras e poros [143 -147]. A erosão de revestimentos de alumina pulverizados por chama com partículas de pasta (SiC e SiO2) e partículas de ar (Al2O3 e SiO2) também foi relatada na literatura [**95**]. Verificou-se que o SiC e o Al2O3 causam uma quantidade significativa de erosão nos ensaios de erosão em suspensão e em suspensão no ar, respetivamente. A elevada velocidade das partículas aumenta a taxa de erosão e a taxa de erosão é máxima para um ângulo de impacto de 90^0 . A falha ocorre através da remoção progressiva das placas e pode ser atribuída à presença de defeitos e poros nas regiões entre placas. Foi efectuada uma observação semelhante para os revestimentos de alumina pulverizados por plasma sujeitos a um desgaste erosivo causado pelas partículas de SiO2 [**148**]. Branco et. al. [**149**] examinaram a erosão por partículas sólidas, à temperatura ambiente, de revestimentos cerâmicos à base de zircónia e alumina, com diferentes níveis de porosidade e com microestrutura e propriedades mecânicas variáveis. Os ensaios de erosão foram realizados por um fluxo de partículas de alumina com um tamanho médio de 50 pm a 70m/s, transportadas por um jato de ar com um ângulo de incidência de 90^0 . Os resultados indicam que existe uma forte relação entre a taxa de erosão e a porosidade do revestimento.

É evidente, a partir da revisão da literatura, que o níquel-alumineto tem sido utilizado há muito tempo como material de revestimento em elementos industriais e estruturais. No entanto, o seu papel tem-se restringido principalmente ao revestimento de ligação entre o componente central e o revestimento de acabamento cerâmico. Até à data, a sua utilização como material de revestimento de topo não foi comunicada. Um artigo recente de Mishra et al. [**150**] relata o comportamento de erosão de um revestimento de Ni3Al pulverizado a plasma numa superliga à base de Fe, em que se verifica que a taxa de erosão do revestimento é ligeiramente superior à da superliga, independentemente do ângulo de impacto. Neste estudo, o níquel-alumineto é revestido na superfície superior, mas existe também uma camada de ligação de NiCrAlY pulverizada a plasma entre o substrato e a camada superior de Ni3Al.

Neste contexto, o presente trabalho tem por objetivo depositar revestimentos de níquel-alumineto em substratos metálicos sem qualquer camada de ligação intermédia e explorar o seu potencial como material de revestimento funcional. O aço macio e o cobre são escolhidos como material de substrato e a deposição de Ni-Al é efectuada por pulverização de plasma atmosférico.

Capítulo 3

MATERIAIS E MÉTODOS

3.0 INTRODUÇÃO

Este capítulo trata dos pormenores dos procedimentos experimentais seguidos neste trabalho. O procedimento de revestimento em si requer alguma preparação básica, ou seja, jato de areia e limpeza. Após a pulverização por plasma, os materiais revestidos são submetidos a uma série de ensaios, por exemplo, caraterização microestrutural das superfícies e secções transversais, medição da porosidade e da microdureza, estudos de difração de raios X, ensaio de adesão, ensaio de erosão, etc. Os pormenores de cada um destes processos são aqui descritos.

3.1 TRATAMENTO DOS REVESTIMENTOS

Preparação de substratos e materiais de revestimento

O aço macio (MS) e o cobre (Cu) disponíveis no mercado foram escolhidos como materiais de substrato para o presente trabalho. Os espécimes têm uma forma retangular com uma dimensão de 50 mm x 25 mm x 2 mm. As amostras foram jateadas a uma pressão de 3 kg/cm^2 utilizando grãos de alumina com um tamanho de grão de 60. A distância de afastamento no jato de granalha foi mantida entre 120-150 mm. A rugosidade média dos substratos é de 6,8 um. Os espécimes jateados foram limpos com acetona. A pulverização é efectuada imediatamente após a limpeza.

Os pós metálicos de níquel e alumínio de qualidade comercial são utilizados para produzir um revestimento de alumineto de níquel, que é formado a alta temperatura durante a projeção por plasma. Estes dois pós Ni : Al foram cuidadosamente misturados no rácio 3:1 em peso. A gama de tamanhos de partículas dos pós utilizados no estudo é apresentada na tabela.3.1.

Pó	Gama
Alumínio	-106pm a +53pm
Níquel	-74 Apm a +53 pm

Quadro 3.1 Gama de tamanhos de partículas utilizada para o revestimento

Os pós brutos foram caracterizados quanto à sua pureza química por análise química húmida padrão. Verificou-se que continham apenas cerca de 0,8% dos respectivos óxidos metálicos, sendo, portanto, mais de 99% puros.

3.2 PULVERIZAÇÃO POR PLASMA

A pulverização é efectuada utilizando um sistema APS (pulverização de plasma atmosférico) de 40 kW no laboratório de plasma térmico do NIT Rourkela. É utilizada uma instalação convencional de pulverização por plasma atmosférico (APS). A potência de entrada do plasma varia de 10 a 24 kW, controlando o caudal de gás, a tensão e a corrente do arco. A taxa de alimentação de pó é mantida constante a 50 gm/min, utilizando um alimentador volumétrico de pó do tipo prato giratório.

A disposição geral do equipamento de pulverização por plasma e o diagrama esquemático do processo de pulverização por plasma são apresentados nas figuras 3.1 e 3.2, respetivamente. O equipamento é constituído pelas seguintes unidades:

1. Pistola de pulverização de plasma
2. Consola de controlo
3. Alimentador de pó
4. Alimentação eléctrica
5. Sistema de arrefecimento da tocha (água)
6. Mangueiras, cabos, botijas de gás e acessórios

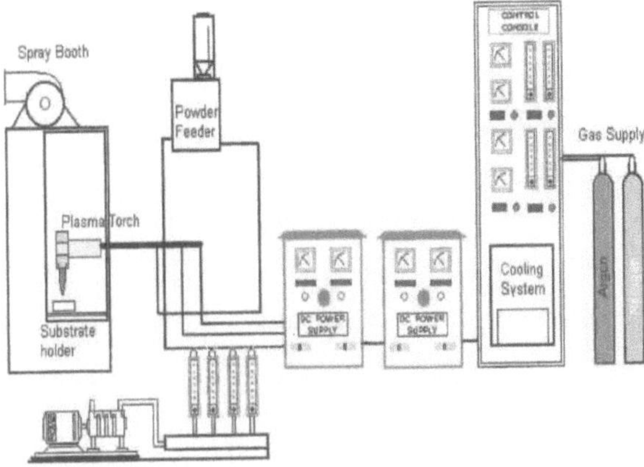

Fig. 3.1 Disposição geral do equipamento de projeção de plasma

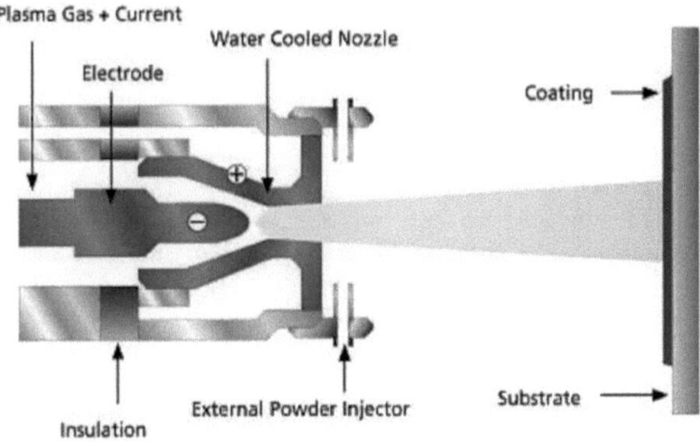

Fig. 3.2 Diagrama esquemático do processo de pulverização por plasma

O árgon é utilizado como gás de plasma primário e o azoto como gás secundário. Os pós são depositados num ângulo de pulverização de 90°. A alimentação do pó é externa à pistola. As propriedades dos revestimentos dependem dos parâmetros do processo de projeção. Os parâmetros de funcionamento durante o processo de deposição do revestimento são indicados na tabela 3.2.

Parâmetro	Gama
Potência de entrada da tocha	10-24 kW
Atual	250-480Amp

Tensão	40-50 Volt
Caudal de gás de plasma (Ar)	20 lpm
Taxa de alimentação de pó	50 gm/min
Caudal de gás portador (Ar)	12 lpm
Distância entre a lanterna e a base	100 mm

Tabela 3.2 Parâmetros de funcionamento durante a deposição do revestimento

3.3 CARACTERIZAÇÃO DOS REVESTIMENTOS

Estudos de difração de raios X

Os revestimentos são examinados para a identificação das fases (cristalinas) com um difratómetro de raios X Philips. Os difractogramas de raios X são obtidos utilizando radiação Cu Ka. Todas as amostras revestidas foram estudadas.

Estudos de Microscopia Eletrónica de Varrimento

Os espécimes de tamanho 10 mm x 13 mm x 5 mm são cortados das amostras revestidas para observação no MEV. A superfície superior e a secção transversal dos espécimes são observadas no microscópio eletrónico de varrimento **Jeol JSM-6480LV,** utilizando sobretudo a imagem de electrões secundários. As secções transversais do revestimento são polidas em três fases com papéis abrasivos SiC de granulometria reduzida e depois com pastas de diamante numa roda para análise da interface do revestimento no MEV. Estas amostras são também utilizadas para a medição da microdureza.

Medição da porosidade

A medição da porosidade é efectuada utilizando a técnica de análise de imagem. As camadas superiores polidas são mantidas sob um microscópio (Neomate) equipado com uma câmara CCD (JVC, TK 870E). Este sistema é utilizado para obter uma imagem digitalizada do objeto. A imagem digitalizada é transmitida a um computador equipado com o software de análise de imagem VOIS. A área total captada pela objetiva do microscópio ou uma fração da mesma pode ser medida com precisão pelo software. Assim, a área total e a área coberta pelos poros são medidas separadamente e a porosidade da superfície em análise é determinada.

Medição da microdureza

A medição da microdureza é efectuada com o Leitz Microhardness Tester equipado com um monitor e um controlador baseado em microprocessador, com uma carga de 0,245N e um tempo de carga de 20 segundos. São efectuadas cerca de dez ou mais leituras em cada amostra e o valor médio é indicado como ponto de dados.

Avaliação da eficiência da deposição do revestimento

A eficiência da deposição é definida como o rácio entre o peso do revestimento depositado no substrato e o peso da matéria-prima gasta. O método de pesagem é amplamente aceite para medir esta relação. Cada amostra é pesada antes e depois da deposição do revestimento. A diferença é o peso (Gc) do revestimento depositado no substrato. A partir da taxa de alimentação de pó e do tempo de deposição, determina-se o peso da matéria-prima gasta (Gp). A eficiência de deposição (H) é então calculada utilizando a seguinte equação [**151**].

H = (Gc / Gp X 100) %

A pesagem das amostras é feita com uma balança eletrónica de precisão com uma exatidão de + 0,1 mg.

Avaliação da resistência da ligação da interface do revestimento

Para avaliar a força de aderência do revestimento, é fabricado um dispositivo especial (fig. 3.3). São preparadas amostras cilíndricas de aço macio (comprimento 50 mm, diâmetro superior e inferior 12 mm). As superfícies dos manequins são tornadas ásperas por perfuração. Estes manequins são depois fixados no topo do revestimento com a ajuda de um adesivo polimérico (epóxi 900-C) e puxados com tensão depois de montados no gabarito (fig. 3.4). O ensaio de arrancamento do revestimento é efectuado utilizando a Instron 1195 a uma velocidade de 10 m/minuto. No momento em que o revestimento é arrancado da amostra, a leitura (da carga), que corresponde à resistência adesiva do revestimento, é registada. A figura 3.5 mostra uma configuração típica de ensaio (durante o ensaio). O ensaio é efectuado de acordo com a norma ASTM C-633.

Fig. 3.3 Gabarito utilizado para o ensaio **Fig. 3.4** Provete sob tensão

Fig. 3.5 Configuração do ensaio de aderência **Instron 1195**

3.4 COMPORTAMENTO DOS REVESTIMENTOS AO DESGASTE POR EROSÃO

A erosão por partículas sólidas (SPE) é normalmente simulada em laboratório através de um de dois métodos. O método do "jato de areia", em que as partículas são transportadas num fluxo de ar e incidem sobre um alvo estacionário, e o método do "braço giratório", em que o alvo é rodado através de uma câmara de partículas em queda.

Na presente investigação, é utilizado um aparelho de erosão (de fabrico próprio) do tipo "jato de areia". É capaz de criar situações erosivas altamente reproduzíveis numa vasta gama de tamanhos de partículas, velocidades, fluxos de partículas e ângulos de incidência, a fim de gerar dados quantitativos sobre os materiais e estudar os mecanismos de danos. O ensaio é efectuado de acordo com as normas ASTM G76.

O equipamento de ensaio de erosão por jato utilizado neste trabalho utiliza um bocal de 300 mm de diâmetro e 300 mm de comprimento. Esta dimensão do bocal permite a utilização de uma gama mais alargada de tipos de partículas no decurso dos ensaios, permitindo uma melhor simulação das condições reais de erosão. O caudal mássico é medido pelo método convencional. As partículas são introduzidas na ranhura a partir de uma tremonha simples, por gravidade. A velocidade de impacto é medida utilizando o método do disco duplo [**152**]. Algumas das características desta configuração de ensaio são:

- Deslocação vertical do bocal: permite variar a distância entre o bocal e o alvo, o que influencia o tamanho da área erodida
- Podem ser acomodados diferentes bocais: permite alterar as dimensões da pluma de partículas e a gama de velocidades
- Grande câmara de ensaio com suporte de amostra (tamanho típico da amostra 25 mm x 25 mm) que pode ser inclinado em relação à direção do fluxo: inclinando o estágio da amostra, o ângulo de impacto das partículas pode ser alterado na gama de 00 - 900, o que influenciará o processo de erosão.

Neste trabalho, o ensaio de erosão de partículas sólidas à temperatura ambiente em substratos de aço macio revestidos com diferentes materiais de alimentação é efectuado sob diferentes ângulos de impacto 15° ,30°, 45° ,60° e 90° . O bocal é mantido a uma distância de 100 e 150 mm do alvo. São utilizadas partículas secas de areia de sílica de tamanho médio de 400 mm como erodente com três velocidades diferentes de 31,2 m/s, 44,2 m/s e 58,5 m/s. Uma área de 6,25 cm^2 de cada amostra de revestimento é exposta ao jato de ar comprimido que transporta o erodente. A quantidade de desgaste é determinada com base na "perda de massa". Para o efeito, mede-se a massa das amostras no início do ensaio e a intervalos regulares durante o mesmo. Para a pesagem, é utilizada uma balança eletrónica de precisão com uma exatidão de + 0,1 mg. Calcula-se a taxa de erosão, definida como a perda de massa do revestimento por unidade de massa do erodente (mg/g).

Capítulo 4
CARACTERIZAÇÃO DO REVESTIMENTO: RESULTADOS E DISCUSSÃO
4.1 INTRODUÇÃO
Foram desenvolvidos revestimentos de níquel-alumineto em dois substratos diferentes (cobre e aço macio) utilizando um sistema de pulverização por plasma atmosférico de 40 kW. A deposição por pulverização foi efectuada com diferentes níveis de potência de entrada na tocha de plasma dc (na gama de 10 kW a 24 kW). A caraterização dos revestimentos foi efectuada em relação ao seu desempenho qualitativo. Os resultados de vários estudos de caraterização são apresentados e discutidos neste capítulo.

4.2 FORÇA DE ADESÃO DO REVESTIMENTO
Do ponto de vista microscópico, a adesão é devida a forças superficiais físico-químicas (paredes de Vander, covalentes, iónicas... etc.), que se podem estabelecer na interface revestimento-substrato [153] e corresponde ao trabalho de adesão. Do ponto de vista mecânico, a aderência pode ser estimada pela força correspondente à fratura interfacial e é de natureza macroscópica. Muitos investigadores efectuaram testes de aderência de revestimentos com vários revestimentos. Afirmou-se que o modo de fratura é adesivo se ocorrer na interface revestimento-substrato e que o valor de adesão medido é o valor da adesão prática, que é depois estritamente uma propriedade da interface, dependendo exclusivamente das características da superfície da fase aderente e do estado da superfície do substrato [154, 155]

Neste trabalho, a avaliação das resistências de ligação da interface do revestimento é efectuada utilizando o método de arrancamento do revestimento, em conformidade com a norma ASTM C-633. Verifica-se que, em todas as amostras, a fratura ocorreu na interface revestimento-substrato. A força de adesão destes revestimentos depositados em diferentes níveis de potência de funcionamento da tocha de plasma em substratos de aço macio e cobre é apresentada na tabela 4.1. A força de adesão máxima de ~ 12,5 MPa é registada no substrato de aço macio, para o revestimento depositado ao nível de potência de 20 kW.

Substrato	Nível de potência de funcionamento (kW)	Adesão do revestimentoForça de adesão (Mpa)
	10	7.45
	12	7.98
	16	9.96
Aço macio	20	**12.50** (Máximo)

	24	10.27
	10	7.89
	12	8.20
	16	8.65
Cobre	20	10.15
	24	6.21

Tabela 4.1 Resultados do ensaio de resistência de aderência do revestimento

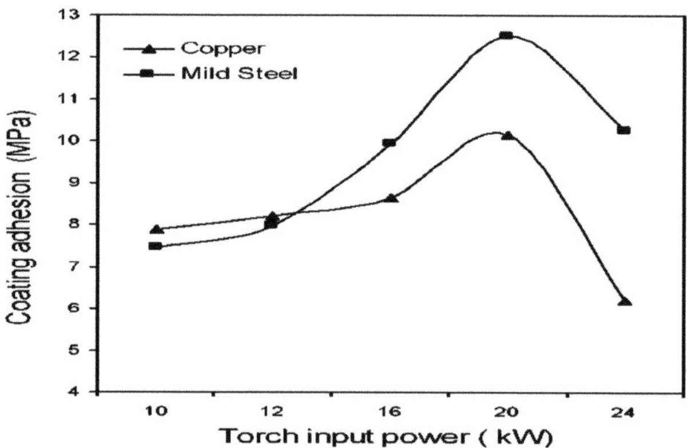

Fig 4.1 Força de adesão dos revestimentos de níquel-aluminite efectuados com diferentes níveis de potência em diferentes substratos

4.3 DUREZA DO REVESTIMENTO

A medição da microdureza foi efectuada nas fases opticamente distinguíveis na secção transversal do revestimento (tanto na interface como no substrato), com um medidor de microdureza Leitz, utilizando uma carga de 25 Pa (0,245 N) na secção transversal polida das amostras.

Nível de potência (kW)	Pontos de controlo	Microdureza (HV)
	No substrato	163.63
10	Interface	680.91
	Intermediário	813.74
	Periferia	189.74
	No substrato	143.92
12	Interface	299.83
	Intermediário	188.89

	Periferia	151.46
	No substrato	125.38
16	Interface	364.90
	Intermediário	**917.95**
	Periferia	413.03
20	Interface	181.05
	Intermediário	238.51
	Periferia	160.49

Tabela 4.2 Microdureza do revestimento em diferentes níveis de potência de funcionamento

Os resultados estão resumidos na Tabela 4.2. Nos revestimentos de Ni-Al observam-se quatro gamas diferentes de valores de dureza, que vão de 160 HV a 917 HV. A variação dos valores de dureza pode dever-se à formação de diferentes fases, isto é, aluminetos, durante a deposição do revestimento e à existência de diferentes fases de alumina, isto é, alumina a e Y, etc.

4.4 ANÁLISE DA COMPOSIÇÃO DA FASE XRD

O teste de microdureza mostra diferentes valores de dureza em diferentes regiões opticamente distintas nas fases do revestimento (secções transversais). Por conseguinte, para verificar as fases presentes (e se ocorrem mudanças/transformações de fase durante a pulverização por plasma), os difractogramas de raios X são obtidos na matéria-prima e em alguns revestimentos seleccionados, utilizando um difratómetro de raios X da Philips. Os resultados de XRD são mostrados nas figuras 4.2 a 4.4.

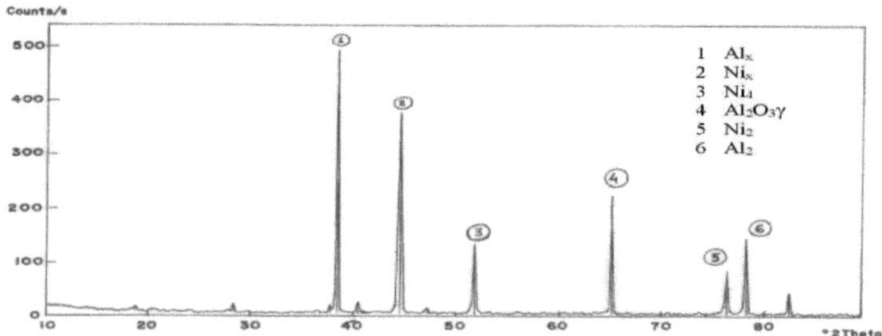

Fig 4.2 Difractograma de raios X do pó bruto de níquel-alumínio

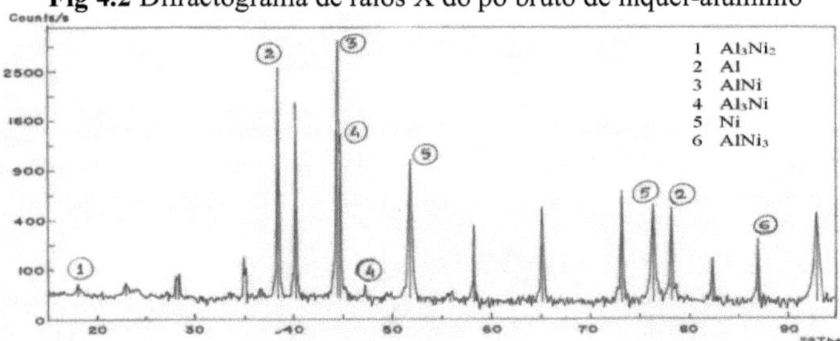

Fig 4.3 Difractograma de raios X do revestimento de Ni-Al depositado a 10 kW de potência de funcionamento

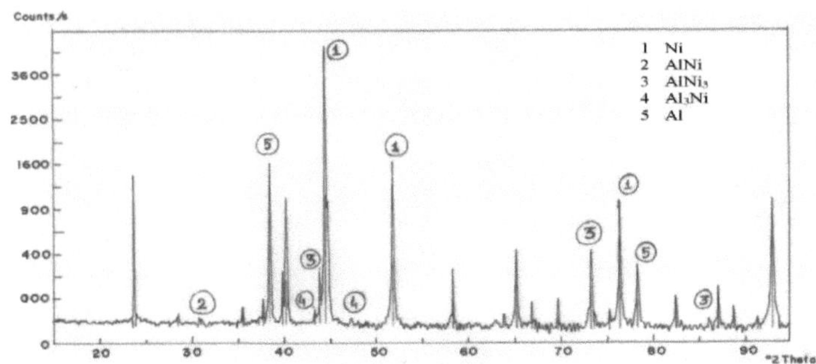

Fig 4.4 Difractograma de raios X do revestimento de Ni-Al depositado a 20 kW de potência de funcionamento

Comparando os difractogramas, verifica-se que o pó bruto antes da pulverização contém vestígios da fase Al2O3, o que pode ser consequência da oxidação anódica do alumínio exposto ao ar normal. As fases observadas nos difractogramas dos revestimentos pulverizados são, nomeadamente, Ni$_3$Al, Al$_3$Ni, AlNi, etc. Também se observa a presença de alguma quantidade de γ & α-alumina, etc.. Isto pode dever-se à transformação de Al2O3 (que está inicialmente presente no material de alimentação) durante a travessia em voo através da zona de plasma. No entanto, a percentagem das fases variou com os parâmetros de deposição do revestimento. A formação e distribuição destas fases no revestimento pode ser uma das razões para as diferentes durezas observadas nos revestimentos.

4.5 POROSIDADE DO REVESTIMENTO

A medição da porosidade foi efectuada utilizando a técnica de análise de imagem. As interfaces polidas dos vários revestimentos foram estudadas num microscópio ótico (Neomate) equipado com uma câmara CCD (JVC, TK 870E). A partir da imagem digitalizada obtida por este sistema, a porosidade do revestimento é determinada utilizando o software de análise de imagem VOIS. Os valores são apresentados no quadro 4.3. As quantidades de porosidade nos revestimentos efectuados com diferentes níveis de potência situam-se entre 10 e 13%. Verifica-se ainda que a porosidade é relativamente maior no caso dos revestimentos fabricados a um nível de potência inferior, ou seja, a 10 kW, e também a um nível de potência superior, ou seja, a 24 kW.

Nível de potência	% de porosidade
10	11.36
12	11.57
16	12.22
20	12.26
24	12.56

Tabela 4.3 Porosidade do revestimento em diferentes níveis de potência

Pode referir-se que, nos revestimentos convencionais pulverizados por plasma, é geralmente observada uma porosidade de cerca de 2 - 12 %. Assim, os valores obtidos nos revestimentos em estudo apoiam a solidez do revestimento.

4.6 MORFOLOGIA DO REVESTIMENTO

A micrografia do pó de níquel-alumineto, isto é, Ni-Al, moído com bolas (matéria-prima) é apresentada na Figura 4.5. Observa-se uma variação na forma e no tamanho das partículas. As partículas têm uma forma irregular e algumas são também alongadas. As micrografias dos pós de mistura Ni-Al processados a 10kW e 20kW de potência, recolhidas a 100mm de distância, são mostradas nas Figuras 4.6 (a) e (b), respetivamente. Comparando estas duas figuras, verifica-se que há uma mudança apreciável na forma e dimensão das partículas. Isto pode dever-se ao facto de que, com o aumento do nível de potência durante a deposição por pulverização, um maior número de partículas atinge a temperatura de fusão e, por conseguinte, assume uma forma esférica durante a solidificação a partir da fase fundida na travessia em voo através do plasma. Isto afecta a qualidade e as propriedades do revestimento.

Fig.4.5 Morfologia da superfície dos pós de Ni-Al, após moagem de bolas.

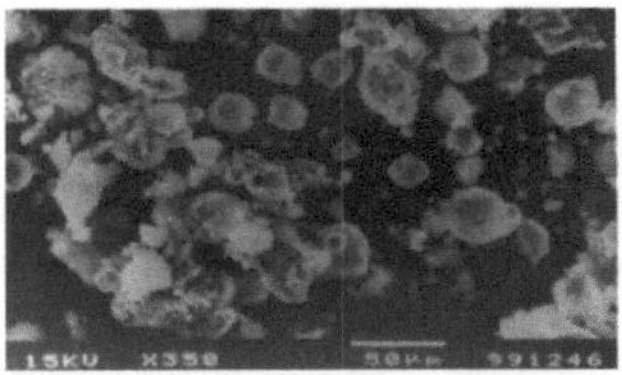

Fig.4.6 (a) Morfologia da superfície dos pós esferoidizados de Ni-Al, processados a um nível de potência de 10kW, 100mmTBD.

Fig.4.6 (b) Morfologia da superfície de pós esferoidizados de Ni-Al, processados a um nível de potência de 20kW, 100mm TBD.

A morfologia típica da superfície dos revestimentos depositados a diferentes níveis de potência é apresentada na fig. 4.7. Pode ver-se que a morfologia da superfície dos revestimentos difere com a condição de deposição, ou seja, é afetada pelos parâmetros de funcionamento da tocha de plasma.

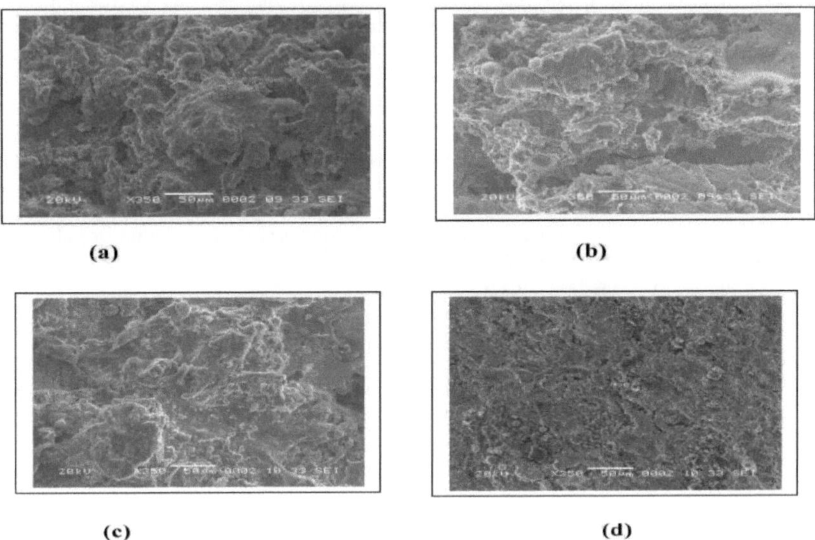

Fig.4.7 Morfologia da superfície dos revestimentos depositados a (a) 10kW, (b) 16kW, (c) 20kW e (d) 24kW.

4.7 DISCUSSÃO

Nos revestimentos por projeção térmica desenvolvidos utilizando a técnica de projeção por plasma atmosférico (APS), a deposição de partículas é influenciada principalmente pela potência de entrada na tocha de plasma. Com o aumento do nível de potência, a densidade do plasma aumenta, levando a um aumento da entalpia e, consequentemente, da temperatura das partículas. Assim, um maior número de partículas é fundido durante a sua travessia em voo através do jato de plasma. Quando estas espécies fundidas atingem o substrato, ficam achatadas e aderem à superfície. A deposição de camadas é favorecida pela disponibilidade de um maior número de partículas fundidas / semi-fundidas, o que é reforçado pelo aumento da potência de entrada da tocha. Mas, para além de um certo limite do nível de potência de funcionamento, a fragmentação e a vaporização das partículas pulverizadas ocorrem simultaneamente e, por estas duas razões, algumas partículas (em pó) desprendem-se durante a pulverização, o que limita o aumento da deposição do revestimento.

A análise da resistência de aderência revestimento-substrato de todos os materiais pulverizados em diferentes substratos, apresentada na tabela 4.1, prevê um aumento da resistência de aderência com o aumento da potência de funcionamento da tocha de plasma (até 20 kW) para ambos os substratos e, em seguida, uma tendência decrescente. Como já foi referido, com o aumento da potência de funcionamento da tocha, existe um maior número de partículas fundidas/ semimoldadas que, ao atingirem o substrato, se fundem e achatam a um ritmo relativamente mais rápido, melhorando o interbloqueio mecânico no substrato e aumentando assim a resistência da ligação. Sabe-se que, para um determinado material, as propriedades finais do revestimento dependem da velocidade, da temperatura e do tipo de partículas imediatamente antes do impacto no substrato ou nas camadas de revestimento já depositadas. A potência do plasma altera efetivamente a temperatura e a velocidade das partículas e, por conseguinte, afecta as propriedades do revestimento. A composição dos materiais de revestimento também afecta a força de adesão do revestimento devido à transformação/formação de fases e compostos interóxidos/intermetálicos que favorecem a ligação entre partículas e a adesão ao substrato. Nesta investigação, observou-se uma maior força de adesão em substratos de condutividade térmica mais baixa (isto é, em aço macio). Sabe-se que os revestimentos por pulverização térmica aderem fracamente a um substrato de elevada condutividade térmica devido a um baixo ângulo de contacto das gotículas fundidas (das potências pulverizadas) à temperatura de contacto com o substrato [156]. Por conseguinte, justifica-se a força de adesão relativamente menor em substratos de cobre em comparação com substratos de aço macio.

A medição da microdureza é efectuada em fases opticamente distinguíveis presentes nos revestimentos. Os valores de dureza são diferentes para as diferentes fases e parecem não depender muito do nível de potência de funcionamento da tocha. Ao consultar os difractogramas de raios X obtidos a partir da matéria-prima e das amostras revestidas, torna-se evidente que, durante a deposição do revestimento, se verificou a formação e transformação de fases. Assim, durante a pulverização, a transformação de fases e/ou a formação de diferentes fases corroboram os diferentes valores de microdureza obtidos em várias fases dos revestimentos.

Capítulo 5
AVALIAÇÃO DO DESEMPENHO DO REVESTIMENTO UTILIZANDO A ANÁLISE "ANN
5.1 INTRODUÇÃO
Este capítulo trata da análise do desempenho tribológico dos revestimentos. Também relata a eficiência da deposição do revestimento em várias condições de pulverização por plasma. Os valores de eficiência de deposição calculados formam uma base de dados que é utilizada para posterior previsão por computação neural. Este capítulo apresenta também os resultados do ensaio de erosão por partículas sólidas efectuado nas amostras revestidas. Os resultados dão uma ideia do desempenho do revestimento num ambiente erosivo. É utilizada a análise de redes neuronais artificiais e é também proposto um modelo de previsão para a taxa de desgaste por erosão. Foi estabelecida uma correlação entre factores de controlo importantes e a taxa de desgaste.
5.2 EFICIÊNCIA DE DEPOSIÇÃO DO REVESTIMENTO
A eficiência da deposição do revestimento é definida como o rácio entre o peso do revestimento depositado no substrato e o peso da matéria-prima gasta. O método de pesagem é amplamente aceite para medir esta relação. Pode ser descrito pela seguinte equação [**151**].

n = (Gc/Gp) X 100 %

Em que n é a eficiência de deposição, Gc é o peso do revestimento depositado no substrato e Gp é o peso gasto do material de alimentação.

A eficiência de deposição de qualquer revestimento é uma caraterística que não só avalia a eficácia do método de projeção, como também é uma medida da capacidade de revestimento do material em estudo. A fig. 5.1 apresenta a variação da eficiência de deposição do revestimento de níquel-aluminite em substratos de aço macio e cobre com o nível de potência de funcionamento. Observa-se que a eficiência da deposição do revestimento de níquel-alumínio, no caso de ambos os substratos, aumenta de forma sigmoidal com a potência de entrada da tocha. Por exemplo: nos substratos de aço macio, o valor aumenta de 22% para 54% (com a potência de entrada da tocha de plasma a aumentar de 10 kW para 24 kW).

Do mesmo modo, depositado num substrato de cobre, a eficiência da deposição varia entre 34% e 57%. No domínio das experiências realizadas neste trabalho, obtém-se uma eficiência máxima de deposição de 57% para revestimentos efectuados a 24 kW de potência de funcionamento da tocha de plasma (em substrato de cobre). As eficiências máximas de deposição no caso dos substratos de cobre e de aço macio são de 54% e 57%, respetivamente.

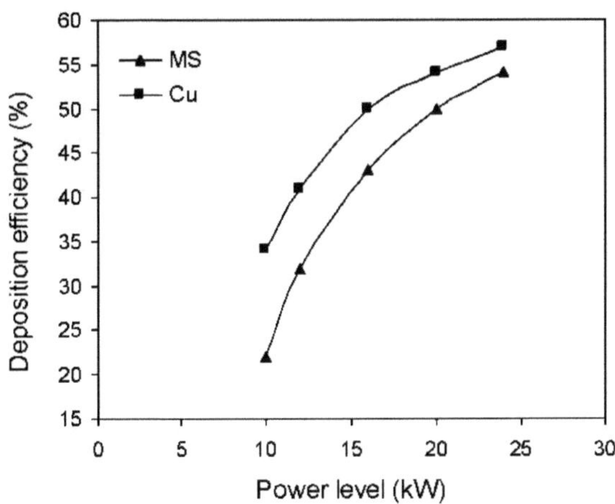

Fig.5.1Eficiência de deposição de Ni-Al em substratos de MS e Cu

Computação neural

A deposição de revestimentos por pulverização de plasma é considerada um processo não linear no que respeita às
suas variáveis: materiais ou condições de funcionamento. Para obter revestimentos funcionais que exibam
propriedades seleccionadas em serviço, têm de ser planeadas combinações de parâmetros de processamento.
 Estas combinações diferem pela sua influência nas propriedades e características do revestimento. Para
controlar o processo de pulverização, um dos desafios actuais é reconhecer
as interdependências dos parâmetros, as correlações e os efeitos individuais nas características do revestimento.
 A computação neuronal pode ser utilizada para estudar estes efeitos inter-relacionados. No presente trabalho,
foi estudada a influência da potência de entrada da tocha de plasma na eficiência da deposição do revestimento.
É utilizada
uma
metodologia baseada em redes neuronais artificiais (RNA) que envolve
o treino de
uma base de dados
para prever a evolução dos parâmetros das propriedades. Esta secção apresenta a construção da base de dados, o protocolo de implementação e um conjunto de resultados previstos relacionados com a eficiência da deposição do revestimento. Os pormenores desta metodologia são descritos por Rajasekaran e Pai [**157**].

Modelo ANN: Desenvolvimento e implementação

Uma RNA é um sistema computacional que simula a microestrutura (neurónios) do sistema nervoso biológico. Os componentes mais básicos da RNA são modelados de acordo com a estrutura do cérebro. Inspirada nestes neurónios biológicos, a RNA é composta por elementos simples que funcionam em paralelo. Trata-se de um simples agrupamento dos neurónios artificiais primitivos. Este agrupamento ocorre através da criação de camadas, que são depois ligadas a outras. A rede neural multi-camada tem sido utilizada na maioria dos trabalhos de investigação no domínio da ciência dos materiais. A base de dados é construída tendo em conta as experiências efectuadas nas gamas limite de cada parâmetro. Os conjuntos de resultados experimentais são utilizados para treinar a RNA, a fim de compreender as correlações entre entradas e saídas. A base de dados é então dividida em três categorias, nomeadamente: (i) uma categoria de validação, que é necessária para definir a arquitetura da RNA e ajustar o número de neurónios para cada camada. (ii) uma categoria de treino, que é utilizada exclusivamente para ajustar os pesos da rede e (iii) uma categoria de teste, que corresponde ao conjunto que valida os resultados do protocolo de treino. As variáveis de entrada são normalizadas de modo a situarem-se no mesmo grupo de intervalos de 0-1.

Parâmetros de entrada para formação	Valores
Tolerância de erro	0.0001

Parâmetro de aprendizagem'^)	0.1
Parâmetro de momento(a)	0.002
Fator de ruído (NF)	0.0001
Ciclos máximos para simulações	2000,000
Parâmetro de declive (£)	0.6
Número de camadas ocultas	6
Número de neurónios da camada de entrada (I)	2
Número de neurónios da camada de saída (O)	1

Tabela 5.1 Parâmetros de entrada seleccionados para a formação

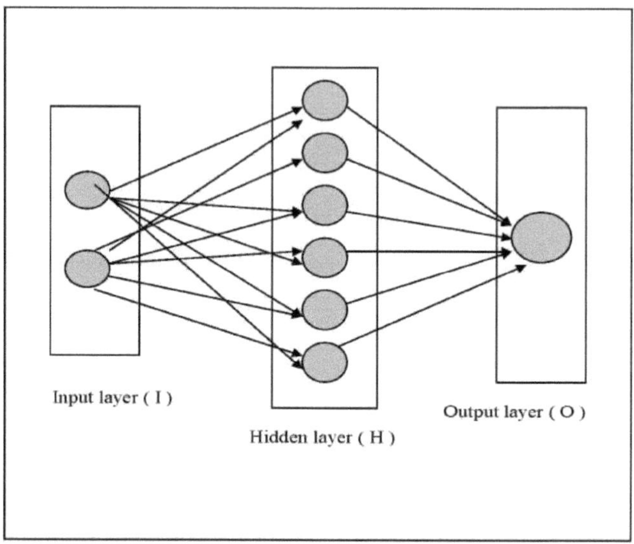

Fig.5.2A rede neural de três camadas

Para treinar a rede neural utilizada neste trabalho, foram recolhidos cerca de 30 conjuntos de dados de diferentes revestimentos aplicados em substratos seleccionados. Assegura-se que estes conjuntos de dados extensos representam todas as variações de entrada possíveis no domínio experimental. Assim, espera-se que uma rede treinada com estes dados seja capaz de simular o processo de projeção de plasma. São testadas diferentes estruturas de RNA (I-H-O) com um número variável de neurónios na camada oculta, com ciclos constantes, taxa de aprendizagem, tolerância ao erro, parâmetro de momento e fator de ruído e parâmetro de declive. Com base no critério do menor erro, é selecionada uma estrutura, apresentada no quadro 5.1, para a formação dos dados de entrada-saída. A taxa de aprendizagem varia entre 0,001 e 0,100 durante o treino dos dados de entrada-saída. O processo de otimização da rede (treino e teste) é realizado durante 2000.000 ciclos, para os quais se obtém a estabilização do erro. O número de neurónios na camada oculta é variado e, na estrutura optimizada da rede, este número é 6. O número de ciclos seleccionados durante o treino é suficientemente elevado para que os modelos de RNA possam ser treinados com rigor. Um pacote de software NEURALNET para computação neural desenvolvido por Rao e Rao [**158**] utilizando o algoritmo de retropropagação é utilizado como ferramenta de previsão para a eficiência da deposição do revestimento em diferentes níveis de potência de funcionamento. A rede neural de três camadas, com uma camada de entrada (I) com dois nós de entrada, uma camada oculta (H) com seis neurónios e uma camada de saída (O) com um nó de saída, utilizada neste trabalho, é apresentada na fig. 5.2.

Previsão ANN da eficiência de deposição

A rede neural de previsão foi testada com doze conjuntos de dados a partir dos dados originais do processo. Cada conjunto de dados continha dados como a potência de entrada da tocha, o material do substrato e um valor de saída, ou seja, a eficiência da deposição, que foi devolvido pela rede. Como prova adicional da eficácia do modelo, é utilizado um conjunto arbitrário de entradas na rede de previsão. Os resultados foram comparados com conjuntos experimentais que podem ou não ser considerados nos procedimentos de treino ou de teste. A Fig. 5.3 apresenta a comparação dos valores de saída previstos para a eficiência de deposição de revestimentos obtidos a vários níveis de potência de funcionamento com a eficiência de deposição real encontrada experimentalmente.

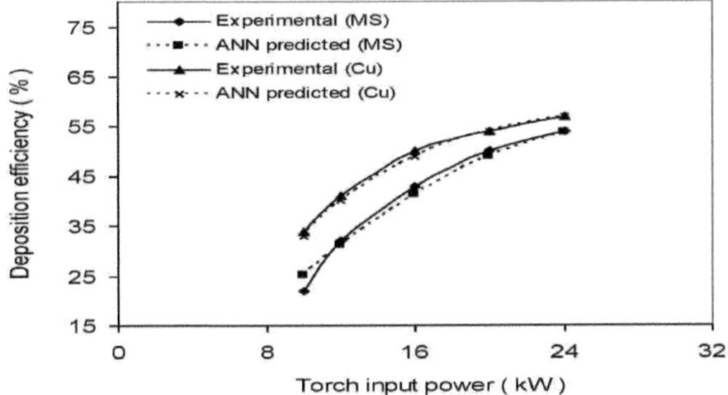

Fig 5.3 Gráfico de comparação dos valores previstos e experimentais da eficiência de deposição de revestimentos de Ni-Al em substratos de aço macio e cobre

É interessante notar que os resultados preditivos mostram uma boa concordância com os conjuntos experimentais realizados. A estrutura optimizada da RNA permite ainda estudar quantitativamente o efeito da potência de entrada da tocha na deposição do revestimento numa gama maior do que os limites experimentais, oferecendo assim a possibilidade de utilizar a RNA num grande espaço de parâmetros. Na presente investigação, esta possibilidade foi explorada seleccionando a potência de entrada da tocha numa gama de 6 kW a 30 kW, e foram desenvolvidos conjuntos de previsões para a eficiência da deposição em todos os dois substratos. A Fig. 5.4 ilustra a evolução prevista das eficiências de deposição em função da potência de entrada da tocha para os substratos de aço macio e cobre.

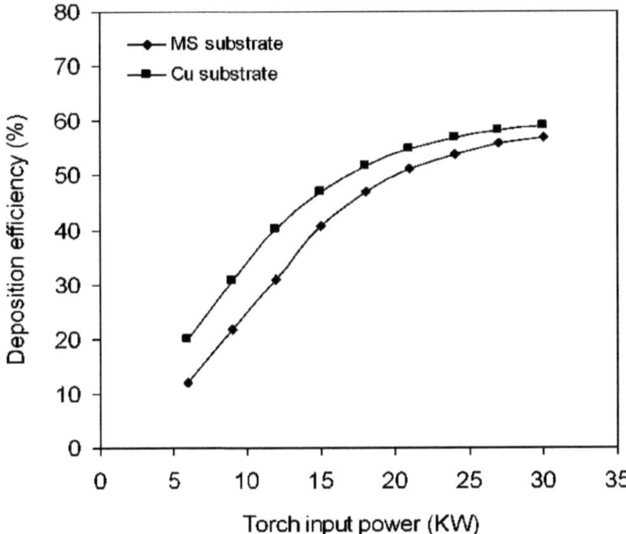

Fig.5.4 Eficiência prevista da deposição do revestimento em substratos de aço macio e cobre

Observações

A eficiência de deposição apresenta uma evolução de tipo sigmoide com a potência de entrada da tocha (fig. 5.3 e fig. 5.4). medida que o nível de potência aumenta, as energias total e líquida disponíveis aumentam (a intensidade da corrente do arco aumenta de 250A para 480A para uma potência de funcionamento que aumenta de 10 kW para 24 kW). Isto conduz a um melhor estado de fusão das partículas em voo e, por conseguinte, a uma maior probabilidade de as partículas se achatarem. A eficiência da deposição atinge um patamar para os níveis de corrente mais elevados devido ao aumento da temperatura do jato de plasma que, por sua vez, aumenta tanto a razão de vaporização das partículas como a viscosidade do jato de plasma.

Os revestimentos funcionais têm de cumprir vários requisitos. A eficiência da deposição é um dos principais requisitos dos revestimentos desenvolvidos por pulverização por plasma. Representa a eficácia do processo de deposição, bem como a capacidade de revestimento dos pós em estudo. A computação neuronal pode ser utilizada como uma ferramenta para processar dados de grande dimensão relacionados com um processo de pulverização e para prever características do revestimento, como a eficiência da deposição, podendo a simulação ser alargada a um espaço de parâmetros maior do que o domínio da experimentação.

5.3 COMPORTAMENTO AO DESGASTE POR EROSÃO DE PARTÍCULAS SÓLIDAS

A erosão por partículas sólidas é um processo de desgaste em que as partículas chocam contra uma superfície e promovem a perda de material. Durante o voo, uma partícula transporta momento e energia cinética, que podem ser dissipados durante o impacto devido à sua interação com uma superfície alvo. No caso dos revestimentos por projeção de plasma que se deparam com estas situações, não foi desenvolvido nenhum modelo específico e, por conseguinte, o estudo do seu comportamento de erosão tem sido maioritariamente baseado em dados experimentais [139]. Neste trabalho, foram realizados ensaios de erosão por partículas sólidas à temperatura ambiente em alguns revestimentos seleccionados (feitos a 20 kW em aço macio) utilizando um equipamento de jato de ar comprimido. No capítulo 3 é apresentada uma descrição pormenorizada do ensaio.

A taxa de erosão dos revestimentos de níquel-alumineto varia com a dose de erodente. A uma taxa de alimentação especificada do erodente, a massa cumulativa de erodente muda à medida que o tempo de exposição avança. Foram efectuados ensaios de erosão para três velocidades de impacto diferentes (31,2, 44,2 e 58,5 m/s), cinco ângulos de impacto (15, 30, 45, 60 e 90 graus) e duas distâncias de afastamento (100 e 150 mm). As variações das taxas de desgaste do revestimento com a massa do erodente são ilustradas nas figuras 5.5 a 5.10.

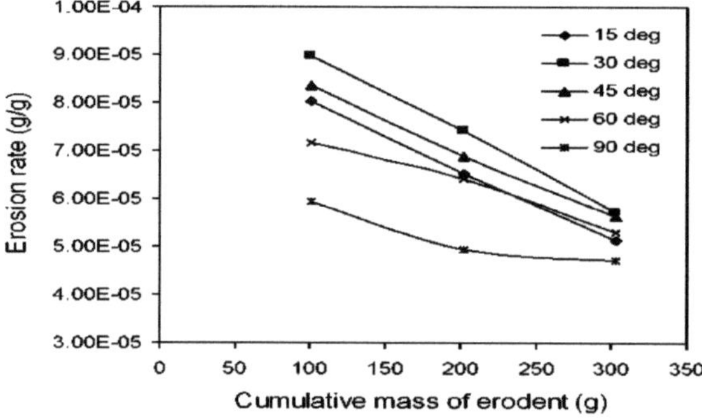

Fig. 5.5 Taxa de erosão Vs massa acumulada de erodente (velocidade de impacto 31,2m/s, SOD = 100 mm)

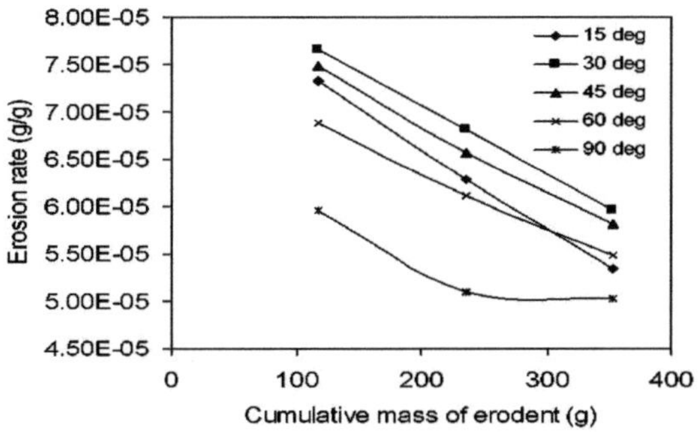

Fig. 5.6 Taxa de erosão Vs massa acumulada de erodente (vel. de impacto 44,2 m/s, SOD = 100 mm)

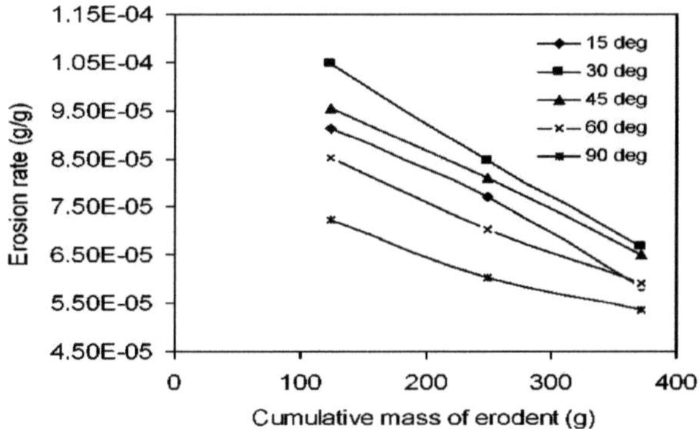

Fig. 5.7 Taxa de erosão Vs massa acumulada de erodente (vel. de impacto 58,5 m/s, SOD = 100 mm)

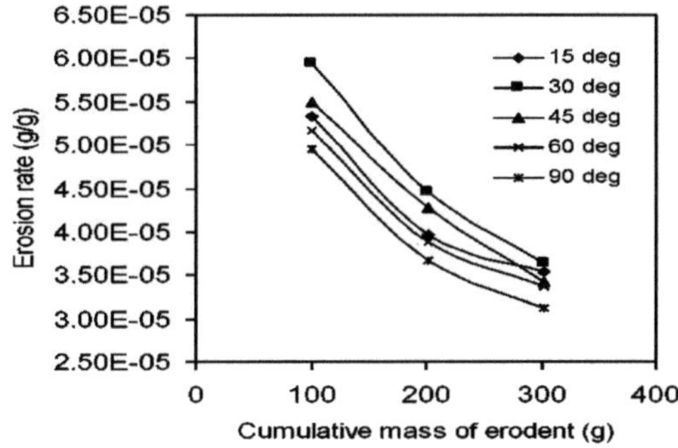

Fig. 5.8 Taxa de erosão Vs massa acumulada de erodente (velocidade de impacto 31,2m/s, SOD = 100 mm)

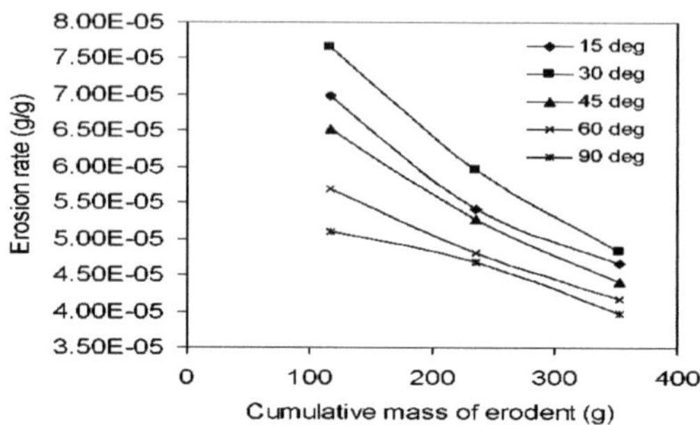

Fig. 5.9 Taxa de erosão Vs massa acumulada de erodente (vel. de impacto 44,2m/s, SOD = 150 mm)

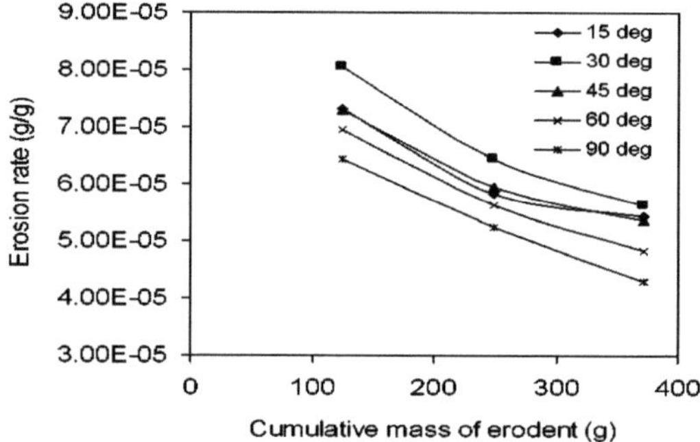

Fig.5.10 Taxa de erosão versus massa acumulada de erodente (velocidade de impacto 58,5 m/s, SOD = 150 mm)

A diminuição da taxa de desgaste de vários revestimentos aspergidos por plasma com o tempo de erosão (ou dose de erodente) foi anteriormente referida por Levy [**159**]. Ele demonstrou que as curvas da taxa de erosão incremental de um grande número de materiais começam com uma taxa elevada na primeira quantidade mensurável de erosão e depois diminuem para um valor de estado estacionário muito mais baixo [**160**] . No presente trabalho, é encontrada uma tendência semelhante nos revestimentos de níquel-alumineto sujeitos a erosão em vários ângulos de impacto. Isto pode ser atribuído ao facto de as saliências finas nas partes do revestimento serem relativamente soltas e poderem ser removidas com menos energia do que a que seria necessária para remover uma parte semelhante da maior parte do revestimento. Consequentemente, a taxa de desgaste inicial é elevada. Com o aumento do tempo de exposição, a taxa de desgaste começa a diminuir e, no regime de erosão transitória, obtém-se uma queda acentuada da taxa de desgaste. medida que a superfície do revestimento vai sendo gradualmente alisada, a taxa de erosão torna-se quase constante.

Verifica-se também que a taxa de erosão do revestimento é grandemente afetada pelo ângulo de impacto das partículas em erosão. As figuras 5.11 e 5.12 mostram a variação da taxa de desgaste por erosão com o ângulo de impacto a diferentes velocidades de impacto e distâncias de afastamento. Verifica-se que, inicialmente, com o aumento do ângulo de impacto, a taxa de erosão aumenta, mas para além de 30^0 a taxa continua a diminuir monotonicamente. Esta tendência é semelhante para diferentes velocidades de impacto e distâncias de afastamento.

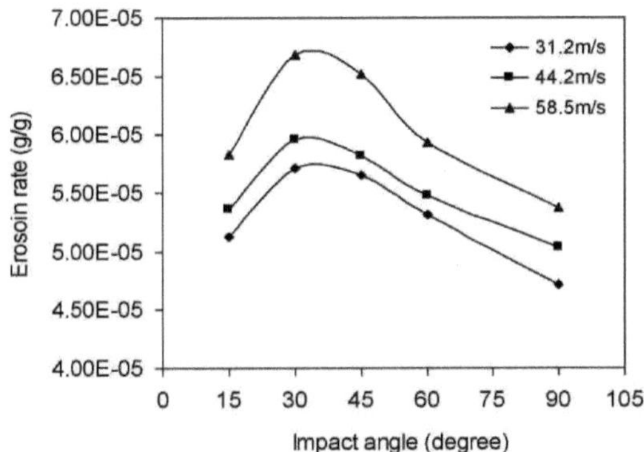

Fig.5.11Taxa de **erosão** Vs. ângulo de impacto a diferentes velocidades de impacto (tempo de exposição = 6 minutos , SOD = 100 mm]

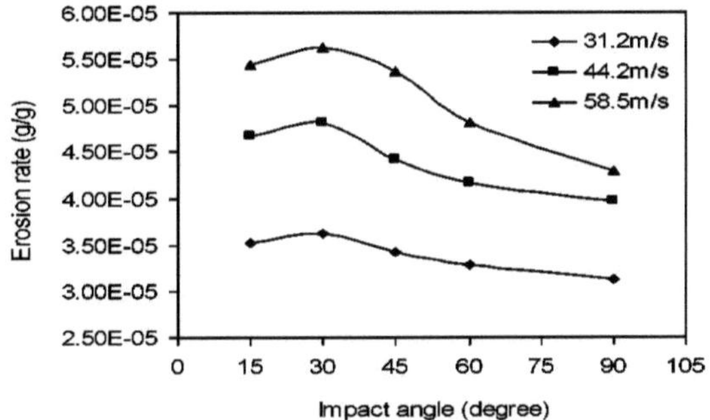

Fig.5.12 Taxa de erosão Vs. ângulo de impacto a diferentes velocidades de impacto
(tempo de exposição = 6 minutos , SOD = 150 mm]

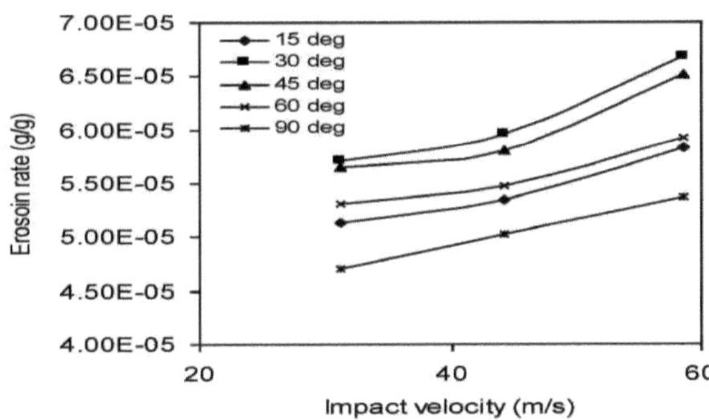

Fig.5.13Taxa de **erosão** Vs. Velocidade de impacto em diferentes ângulos de impacto
(Tempo de exposição = 6 minutos , SOD = 100 mm)

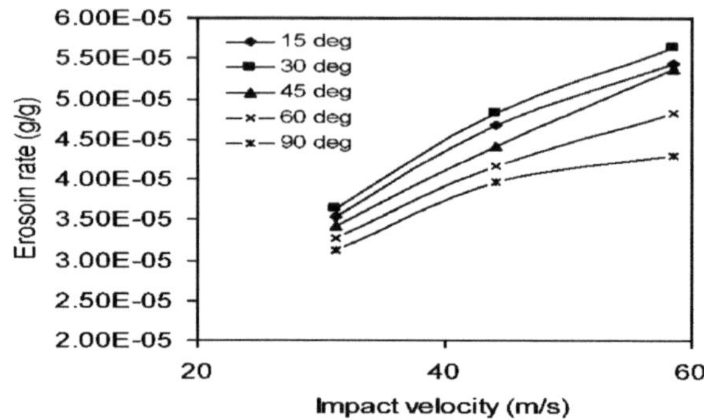

Fig.5.14 Taxa de erosão Vs. Velocidade de impacto em diferentes ângulos de impacto
(Tempo de exposição = 6 minutos, SOD = 150 mm)

É evidente nas figuras 5.13 e 5.14 que o efeito da velocidade de impacto na erosão do revestimento é também muito significativo. Verifica-se que, com o aumento da velocidade de impacto, a perda de massa do revestimento devido à erosão aumenta. Esta tendência verifica-se para diferentes ângulos de impacto e distâncias de afastamento.

Implementação de RNA na previsão da taxa de desgaste por erosão

A computação neural é utilizada para prever a taxa de erosão do revestimento de níquel-alumineto. A rede é treinada com a base de dados gerada a partir de resultados experimentais, utilizando parâmetros de entrada adequados para o treino. Os resultados da previsão são comparados com os conjuntos experimentais. As figuras 5.15, 5.16 e 5.17 apresentam a comparação dos valores de saída previstos para a taxa de erosão obtidos em vários ângulos de impacto com os valores reais encontrados experimentalmente a diferentes velocidades de impacto.

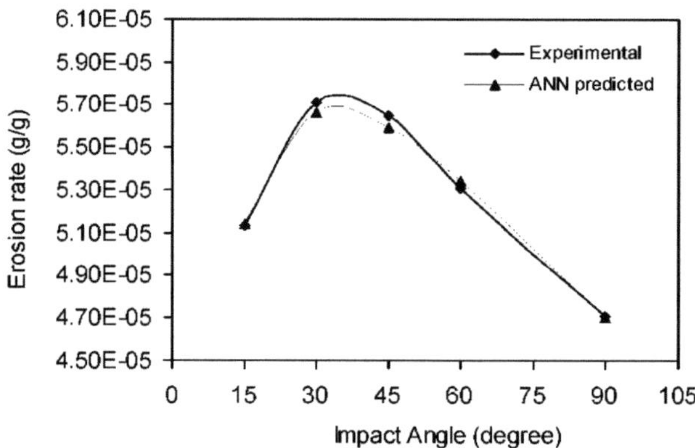

Fig.5.15 Gráfico de comparação dos valores previstos e experimentais da taxa de erosão
[Velocidade de impacto =31,2m/s SOD = 100 mm]

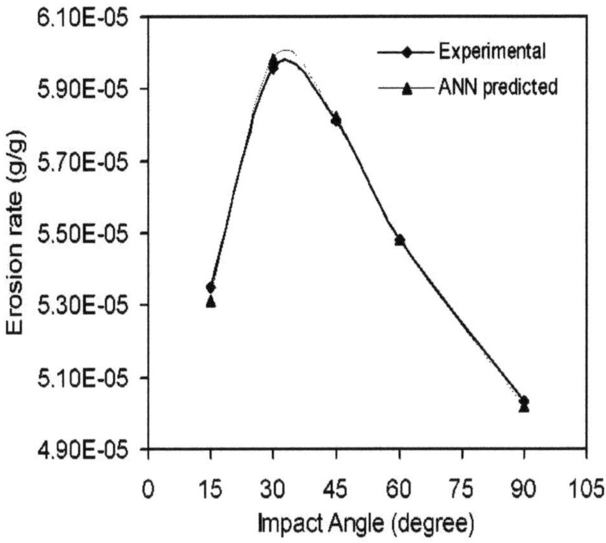

Fig.5.16 Gráfico de comparação dos valores previstos e experimentais da taxa de erosão
[Velocidade de impacto =44,2m/s SOD = 100 mm]

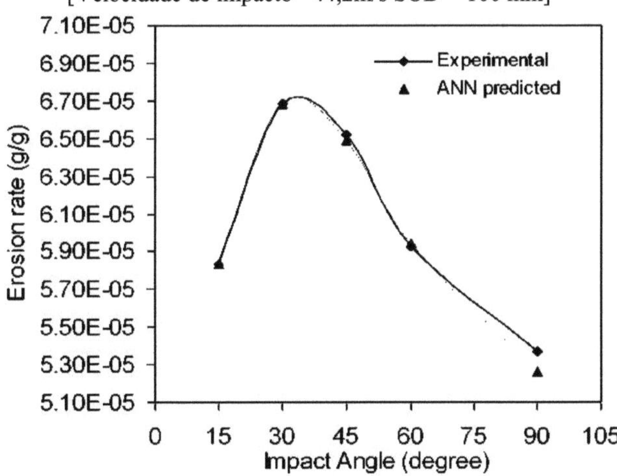

Fig.5.17 Gráfico de comparação dos valores previstos e experimentais da taxa de erosão
[Velocidade de impacto =58,5m/s SOD = 100 mm]

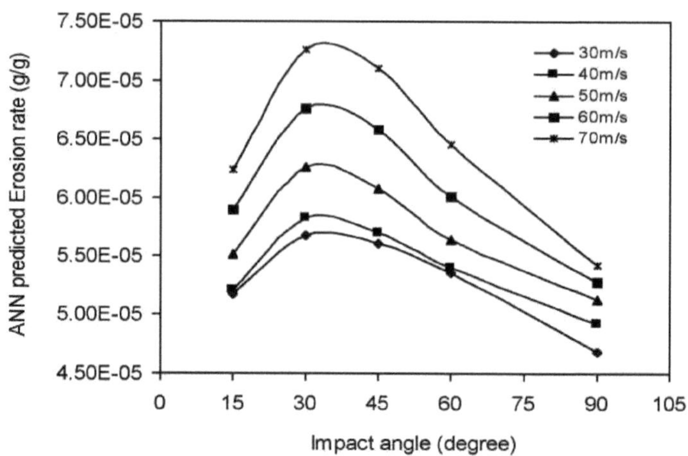

Fig.5.18 Taxa de erosão prevista para diferentes velocidades de impacto com o ângulo de impacto
SOD = 100mm

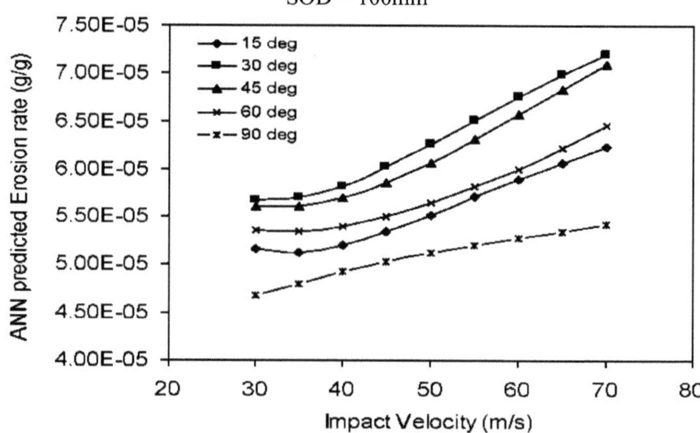

Fig.5.19 Taxa de erosão prevista para diferentes ângulos de impacto com velocidade de impacto
SOD = 100mm

É interessante notar que os resultados preditivos mostram uma boa concordância com os conjuntos experimentais. A estrutura optimizada da RNA permite ainda estudar o efeito do ângulo e da velocidade de impacto na erosão do revestimento num domínio maior do que os limites experimentais. As Figuras 5.18 e 5.19 ilustram a evolução prevista da taxa de erosão com o ângulo de impacto e a velocidade de impacto.

Correlação entre a taxa de desgaste por erosão, a velocidade de impacto e o ângulo de impacto

Neste estudo, tenta-se obter uma correlação dos factores de controlo para quantificar a taxa de erosão. A determinação quantitativa, com um único objetivo, da relação entre a taxa de erosão do revestimento e dois importantes factores de controlo, ou seja, a velocidade de impacto e o ângulo de impacto, foi determinada utilizando uma análise de regressão não linear com a ajuda do software SYSTAT 7. Para a taxa de erosão E em termos de velocidade de impacto (V) e ângulo de impacto (α), , sugere-se o seguinte modelo matemático.

Aqui, E é o termo de saída de desempenho e **K, m e n** são as constantes do modelo. A partir da análise de regressão, as constantes são as seguintes
K = 2,512x10⁻⁵

$$K = 2{,}512 \times 10^{-5}$$
$$m = -0{,}031 \quad n = 0{,}209$$

Isto faz com que a equação seja a seguinte:

$$E = 2.512 \times 10^{-5} V\ 0.209\ (Sin\ \alpha)^{-0.031}$$

A correção das constantes calculadas é confirmada pela obtenção de coeficientes de correlação elevados (r^2) na ordem dos 0,96 para a equação, pelo que o modelo é bastante adequado para ser utilizado em análises posteriores.

$$E = KV^{\,n} (Sin^{\,m} \alpha)$$

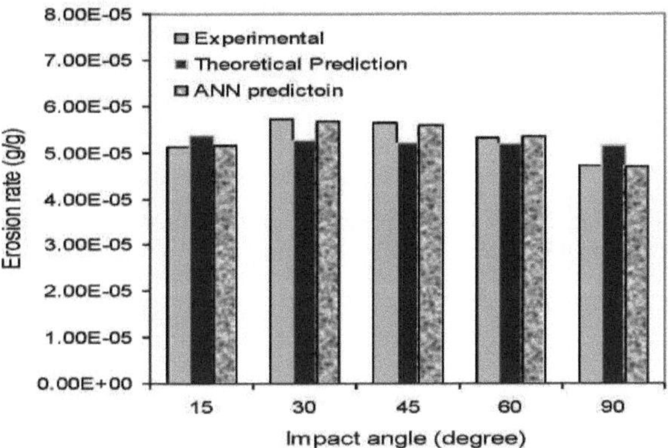

Fig.5.20 Gráfico de comparação dos valores previstos, da fórmula e experimentais da taxa de erosão [Velocidade de impacto =31,2m/s SOD = 100 mm]

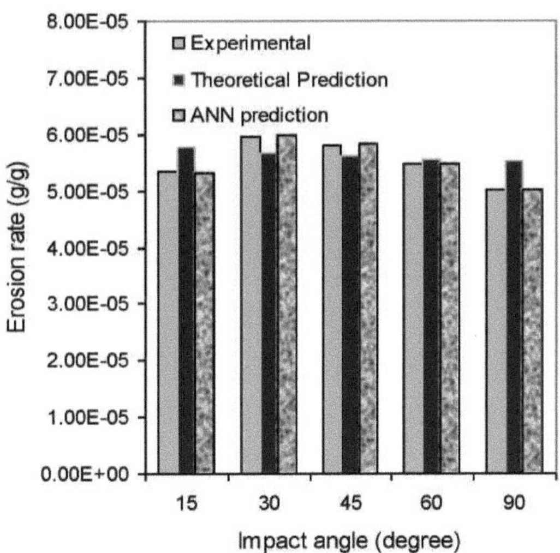

Fig.5.21 Gráfico de comparação dos valores previstos, da fórmula e experimentais da taxa de

erosão [Velocidade de impacto =44,2m/s SOD = 100 mm]

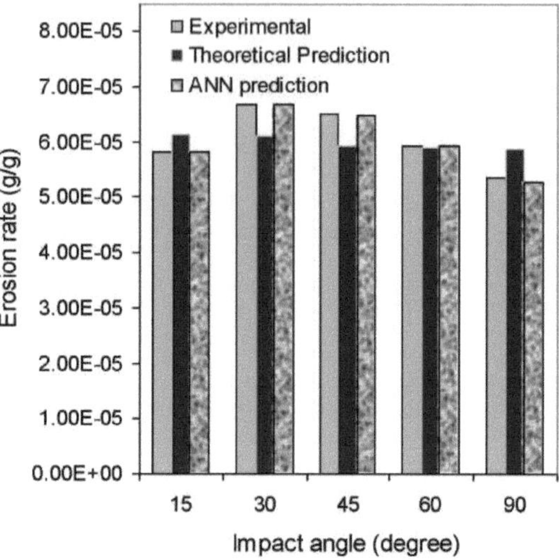

Fig.5.22 Gráfico de comparação dos valores previstos, da fórmula e experimentais da taxa de erosão [Velocidade de impacto =58,5m/s SOD = 100 mm]

Ângulo de impacto (graus)	Velocidade de impacto (m/s)	Erosão	taxa ($\times 10^{-5}$ g/g)	% de erro
		Valor Expt.	Valor calculado	
15	31.2	5.13	5.37	4.67
30	31.2	5.71	5.26	7.88
45	31.2	5.65	5.21	7.78
60	31.2	5.31	5.17	2.63
90	31.2	4.71	5.15	9.34

15	44.2	5.35	5.78	8.03
30	44.2	5.96	5.66	5.03
45	44.2	5.81	5.61	3.44
60	44.2	5.48	5.57	1.64
90	44.2	5.03	5.54	10.13
15	58.5	5.83	6.13	5.14
30	58.5	6.68	6.01	10.02
45	58.5	6.52	5.94	8.89
60	58.5	5.93	5.91	0.33
90	58.5	5.37	5.88	9.56

Tabela 5.2 Comparação dos valores experimentais, previstos e calculados das taxas de erosão com o erro percentual associado

As Figuras 5.20, 5.21 e 5.22 mostram a comparação dos valores da taxa de erosão do revestimento previstos pela ANN e os valores calculados utilizando a correlação sugerida com os valores obtidos experimentalmente em diferentes condições operacionais. A Tabela 5.2 apresenta estes valores juntamente com o erro percentual associado numa forma tabular.

A partir dos gráficos de comparação, verifica-se que o modelo de previsão e o modelo de correlação propostos para a taxa de erosão estão em concordância razoavelmente boa com os dados experimentais. Assim, os modelos são bastante adequados para serem utilizados em qualquer análise posterior da erosão em revestimentos de níquel-alumineto pulverizados por plasma.

Observações

Os resultados apresentados nas figuras 5.11 e 5.12 confirmam que o ângulo em que o fluxo de partículas sólidas colide com a superfície do revestimento influencia a taxa a que o material é removido. Sugerem ainda que esta dependência é também influenciada pela natureza do material de revestimento. Normalmente, para materiais frágeis sujeitos a erosão, a taxa máxima de desgaste ocorre a 90^0 de impacto e, para materiais dúcteis, a 15 -30^{00} . No presente estudo, o pico da taxa de erosão é registado a 30^0 para os revestimentos, independentemente da velocidade de impacto e da distância de afastamento. Este facto implica o comportamento dúctil do revestimento em estudo. O ângulo de impacto determina a magnitude relativa das duas componentes da velocidade de impacto, nomeadamente, a componente normal à superfície e a componente paralela à superfície. A componente normal determinará a duração do impacto (ou seja, o tempo de contacto) e a carga. O produto deste tempo de contacto e da componente tangencial (paralela) da velocidade determina a quantidade de deslizamento que ocorre. A componente tangencial da velocidade também fornece uma carga de cisalhamento à superfície, que é adicional à carga normal que a componente normal da velocidade provoca. Assim, à medida que este ângulo se altera, a quantidade de deslizamento que ocorre também se altera, tal como a natureza e a magnitude do sistema de tensões. Ambos os aspectos influenciam a forma como um revestimento se desgasta. Estas alterações implicam que diferentes tipos de material apresentem uma dependência angular diferente.

Branco et al. (**149**) referiram que a porosidade do revestimento influencia a erosão de três formas. Em primeiro lugar, reduz a resistência do material contra a deformação plástica ou lascamento, uma vez que o material no bordo de um vazio carece de apoio mecânico. Em segundo lugar, a superfície côncava no interior de um vazio que não esteja sob a sombra de um dos seus bordos verá uma partícula a colidir com um ângulo superior ao ângulo médio da superfície alvo para o impacto (o que é prejudicial para os materiais frágeis). E, finalmente, os poros podem prejudicar a resistência, actuando como concentradores de tensão e/ou diminuindo a superfície de suporte de carga. Embora os revestimentos objeto desta investigação sejam de natureza frágil, o efeito da fração volumétrica dos poros no desgaste por erosão necessita de uma investigação mais pormenorizada.

CONCLUSÕES

As conclusões do presente trabalho são as seguintes:

- Uma mistura de níquel e alumínio em pó de qualidade comercial pode ser revestida em substratos metálicos através da técnica de projeção por plasma térmico. Estes revestimentos possuem características de revestimento desejáveis, tais como boa resistência à aderência, dureza, etc.
- Durante a deposição por pulverização de plasma, observa-se a formação de fases de alumineto de níquel. Regista-se uma força de adesão máxima de ~ 12,5 MPa para estes revestimentos de níquel-alumineto em substratos de aço macio e ~ 10,15 MPa em substratos de cobre, a um nível de potência de funcionamento de 20kW da tocha de plasma.
- Obtém-se uma eficiência máxima de deposição de ~ 57% para revestimentos de Ni-Al em cobre e ~ 54% em substratos de aço macio.
- O nível de potência de funcionamento da tocha de plasma influencia em grande medida a força de adesão do revestimento, a eficiência da deposição e a dureza do revestimento. A morfologia do revestimento também é largamente afetada pela potência de entrada da tocha.
- É evidente a ocorrência de transformações de fase e a formação de fases de alumineto como Ni_3Al, Ni3Al2 durante a pulverização por plasma. As diferentes fases de alumineto observadas nos estudos de XRD corroboram a observação de diferentes valores de dureza de diferentes fases opticamente distintas.
- Os revestimentos desenvolvidos neste trabalho são mais duros do que os materiais do substrato, pelo que estes revestimentos podem ser recomendados para aplicações tribológicas.
- A resistência ao desgaste por erosão por partículas sólidas destes revestimentos é bastante boa. Verifica-se que a taxa de erosão do revestimento é grandemente afetada pelo ângulo de impacto e pela velocidade de impacto das partículas em erosão.
- As redes neuronais artificiais podem ser utilizadas com vantagem para simular correlações entre propriedades e parâmetros para além do âmbito da experimentação. A técnica de RNA também pode ser utilizada para prever o desempenho do revestimento em diferentes condições operacionais.

Referências

P. R. Taylor -- *Processamento de Materiais por Plasma Térmico* - Feixes de Energia e Processamento de Materiais PBAMP 2002, Ed. A.K. Das et al., Allied Publishers Pvt. Ltd., Mumbai, Índia, pp. 13-20 (**2002**)

P.P.Bandopadhyaya- *Processamento e caraterização de materiais pulverizados por plasma*
Revestimentos cerâmicos em substratos de aço - Tese de Doutoramento, IIT, Kharagpur, Índia (**2000**)

J. Z. Chen, H. Herman e S. Safai, Avaliação de NiAl e NiAl-B depositados por Vacuum Plasma Spray, J. Thermal Spray Technology, 2,(1993),357.

C. T. Liu e V. K. Sikka, Nickel Aluminides for Structural Uses, J. of Metals, 38,(1986),13.

H. Ito,M. Umakoshi, R. Nakamura, T. Yokoyama, K. Urayama e M.Kato, Proc. Fourth Nat. Thermal Spray Conf., Pittsburgh,PA, USA,(1991),405.

D.A.Gerdeman, N.L.Hecht, Arc Plasma Technology in Material Science, Springer, Berlim (1972)

R.B. Heiman, "*Plasma Spray Coating, Principle and Application*", VCH, Weinheim, Alemanha, **1996**.

R. Edwards, Cutting Tools, The Institute of Materials, Reino Unido, **1993**.

K. G. Budinski, *Surface Engg. For Wear Resistance*, N.J., EUA, **1988**.

K. N. Stratford, **1984**, *Coatings and Surface Treatments for Corrosion and Wear Resistance*, Inst. of Corrosion Sc. And Tech, Birmingham, Reino Unido.

L. J. Durney, **1984**, Electroplating Engineering Handbook, Van Norstand, NY, EUA.

T. Biestek e J. Weber, **1976**, *Electrolytic and Chemical Conversion Coating*, Portcullis Press Ltd, Varsóvia, Polónia.

N. A. Tape, E. A. Baker e B. C. Jackson, **1976**, *Plating and Surface Finishing*, outubro, p 30.

N. Fieldstein, **1981**, Materials Engg., julho, P 38.

C. F. Spencer, **1975**, Metal Finishing, janeiro, p 38.

J. Mcdermott, **1972**, *Electroless Plating and Coating of Metals*, Noyes Data Corp, NJ, EUA.

M. F. Ashby e D. R. H. Jones, **1980**, Engineering Materials, Pergamon press, NY, EUA.

C. R. Brooks, **1979**, *Heat Treatment of Ferrous Metals*, Hemisphere Publishing Co., Washington, EUA.

C. Dawes e D. F. Tranter, **1983**, Metal Progress, dezembro, p 17.

A. V. Linial e H. E. Hunterman, **1979**, *Wear of Materials*, ASME, NY, EUA.

S. Bhattacharya e F. D. Seaman, **1985**, *Laser Heat Treatment for Gear Aplicação em "Laser Processing of Materials"*, The Metallurgical. Soc. Of AIME, p 211.

F. A. Smidt, **1983**, *Ion Implantation for Material Processing*, Noyes Data Corp, NJ, EUA.

R. F. Bunshah, **1982**, *Deposition Technologies for Films and Coatings*, Noyes Publications, NJ, EUA.

J. Vossen e W.Kern, **1978**, *Thin Film Processes*, Academic Press, NY, EUA.

H. S. Legg e K. O. Legg, **1989**, *Ion Beam Based Techniques for Surface Modificação em "Surface Modification Technologies"*, por T.S. Sudarsan (ed), Marcell Dekker Inc, EUA, p 219.

J. M. Blocher, **1966**, *Vapour Deposited Materials in "Vapour Deposition"*, de C. F. Powell, J. H. Oxley e J. M. Blocher (eds), Willwy, NY, EUA.

D. G. Bhatt, **1989**, *Chemical Vapour Deposition, em "Surface Modification*

Technologies", por T. S. Sudarsan (ed), Marcell Dekker Inc, EUA, p 141.

R. L. Little, **1979**, *Welding and Welding Technology*, TMH Publications, New Deli, Índia.

The Welding Handbook, **1980**, American Welding Soc., EUA.

P. T. Houldcroft, **1967**, *Técnica de Processos de Soldadura*, Técnica de Processos de Soldadura,
Cambridge Univ Press, Reino Unido.

L. F. Longo, **1985**, *Thermal Spray Coatings*, ASM, EUA.

V. Meringolo, **1983**, *Thermal Spray Coating*, Tappi Press, Atlanta, EUA.

J. L. Morris, **1951**, *Welding Principle for Engineers*, Prentice Hall, EUA.

L. Powloski, **1995**, *The Sc. AndEngg. Of Thermal Spraying*, Willey, EUA.

E. Lugscheider, **1992**, Technica, v 19, p 19.

D. G. McCartney, **1998**, Surf. Engg., v 14(2), p 204.

V. V.Sobolev, J.M. Guilemany, J. Nutting e J.R. Miquel, **1997**, Int. Mat. Rev, v 42(3), p117.

B. Xu, M. Shinning e J. Wang, **1995**, Surf. Engg., v11(1), p 38.

Metco Plasma Spraying Manual, **1993**, Metco, EUA.

J. Wrigren, **1991**, Surf. Coat. Tech., v 45, p 263.

M. G. Nicholas e K. T. Scott, **1981**, SurfacingJournal, v12, p5.

W. Funk e F. Goebe, **1985**, *Thin Solid Film*, v128, p 45.

B. Wielage, V. Hofmann, A. Steinhauser e G . Zimmerman, **1998**, *Wear*, v 14(2), P 136.

N. Y. Lee, D. P. Stinton, C.C. Brandt, F. Erdogan, Y. D. Lee e Z. Mutasim **1996**, J. Am. Cer. Soc., v 79(12), P, 3003.

A.Pajares, L. Wei, B.R. Lawn e C.C. Berndt, **1996**, J. Am. Cer. Soc., 79(7), p 1907.

R. C. Novak, **1988**, J. Gas Turbines and Power, v-110, p 110.

A.R. Nash, N. E. Weare e D. L. Walker, julho de **1961**, J. Metals, julho, p 473.

H. Gruner, **1984**, *Thin Solid Film*, v 118, p 409.

H.Eaton e R. C. Novak, **1986**, Surf, and Coating Technology ., v 27, p 257.

H. Eaton e R. C. Novak, Proc. Int. Conf on metallurgical Coatings, San Diego, EUA.

K. Ramchandran e P. A. Selvarajan, **1998**, Thin Solid Film, v 315, p 149.

H. S. Ingham e A. J. Fabel, fevereiro de **1975**, Welding Journal, p 101.

S. Oki, S. Gonda e M. Yanokawa, **1998**, Proc. 15th International Thermal Spray Conferência, 25 - 29th maio, França, p 593.

A.F. Puzryakov, S. A. Levitin e V. A. Garanov, **1985**, Poroshkovaya Metallurgya, v 8 (272), p 55.

J. Hennaut, J. Othzemouri e J. Charlier, **1995**, Mat. Sc and Tech., 1995, v 11, p 174.

S. Sampath, R. A. Neiser, H. Herman, J. P. Kirkland e W. T. Elan, **1993**, J. Mat. Res., v 8(1), p 78.

J. Hennaut, J. Othmezouri e J. Charlier, **1995**, Mat. Sc and Tech., 1995, v11, p 174.

B.Elvers, S. Hawkins e G. Schultz (eds), **1990**, Ulhmann's Encyclopedia of Química Industrial, v 1/16, VCH, p 433.

C.J. Kubel, Adv. Mat. Proc., **1990**, v12, p 24.

M. Codenas, R. Vijande, H. J. Montes e J. M. Sierra, **1997**, *Wear*, v 212, p 244.

Nolan, P. Mercer, e M. Samadi, **1998**, Surf. Engg, v11(2), p 124.

Y.Naerheim, C. Coddet e P. Droit, **1995**, Surf. Engg, v11(1), p 66.

K. Hojmrle e M. Dorfman, **1985**, *Mod. Dev. Powder. Met.*, v 15(15), p 609.

O. Knotek, E. Lugscheder e H. Reiman, **1975**, J. Vac. Sc. Tech A, v 12(4), p 75.

M. Roy, C.V.S. Rao, D. S. Rao e G. Sundarrajan, **1999**, Surface Engineering, v 15(2), p 129.

Chuanxian, H. Bingtang , L. Huiling, **1984**, Thin Solid Film, v 118, p 485

J.M.Guilemay, J.M.De Paco,**1998**, Engenharia de Superfícies, v.11 (2), p 129.

Y. Wang, **1993**, *Wear*, v 161, p69   .

Y. Wang, J. Yuansheng e W.Shizhu, **1988**, *Wear*, v128   , p 265.

A.Tronche e P. Fauchais, **1988**, *Wear* , v 102, p1   .

A.A. Stuart, P. H. Shipway e D. G. McCartney, **1999**, *Wear*, v 225-229, p 789.

S. Economou, M. De Bonte, J.P. Celis, J. R. Roos, R. W. Smith, E. Lugscheider e A. Valencic, **1995**, *Wear*, v185, p 93.

U. Menne, A. Molar, M. Bonner, C. Varpoort, K. Ebert e R. Bauman, **1993**, Proc. Themal Spraying - 93, 1993, p 280.

M. Mohanty, R. W. Smith, M. De Bonte, J. P. Celis e E. Lugscheder, **1996**, *Wear*, v 198, p 251.

J. F. Li, C. X. Ding, J. Q. Huang e P. Y. Zhang, **1997**, v, p 177.

J. M. Cuetos, E. Fernandez, R. Vijandez, A. Rucon e M. C. Perez, **1993**, *Wear*, v 169, p 173.

W. Jainjun e X. Qunji, **1993**, *Wear*, v 162 - 164, p 229.

J. F. Lin e T. R. Li, **1990**, *Wear*, v 160, p 201.

A.S. Ahn e O. K. Kwon, **1999**, *Wear*, v 225 - 229, p 814.

W. Jainjun, X. Qunji e W. Huiling, **1992**, *Wear*, v 152, p 161.

S. Lathabai, M.Ottmuller , I. Fernandez, **1998**, *Wear*, v 221,p 93.

L.Zhou, Y. M.Gao, J.E. Zhou, Q.D.Zhou, **1994**, *Wear* , v 176,p 39.

A.S. Ahn e O. K. Kwon, **1993**, *Wear*, v 162 - 164, p 636.

T. F. J. Quinn e W. O. Winer, **1985**, *Wear*, v 102, p 67.

A.Y. Kim,   D. S. Lim e H. S. Ahn, **1993**, J. Kor. Cer. Soc, v 30, p 1059.

H.S. Ahn,   J. Y. Kim e D. S. Lim, **1997**, *Wear*, v 203 - 204, p 77.

Y. Fu, A. W. Batchelor, H. Xing e Y. Gu, **1997**, *Wear*, v 210, p 157.

Y.Sun, B.Li, D. Yang, T.Wang,Y. Sasakie K. Ishii, **1998**, *Wear*, v 215, p 232.

Y.S. Song, J. C. Han, M.H. Park, B.H.Ro, K. H. Lee, E. S. Byun, S. Sasaki, **1998**, Proc. 15th International Thermal Spray Conference, 25th - 29th maio, França, p 225.

M. I. Mendelson, **1978**, *Wear*, v 50, p 71.

Metco Technical Bulletin on TiO_2, **1971**, Metco Inc., NY, EUA.

W. W. Dai, C. X. Ding, J. F. Li, Y.F. Zhang e P. Y. Zhang, **1996**, *Wear* ,196, p 238.

N. P. Suh, **1973**, *Wear*, v 25, p 111.

H. So, **1995**, *Wear*, v 184, p 161.

T. S. Eyre, **1975**, *Wear*, v 34, p 383.

Halling, Principles of Tribology, The Mcmillan Press Ltd, NY, USA, **1975**.

Y. Guilmad, J. Denape e J. A. Patil, **1993**, Trib. Int. v 26, P 29.

M. G. Gee, **1992**, *Wear*, v 153, p 201.

R. Mcpherson, **1973**, J. Mat. Sc., v 8, P 859.

R. Mcpherson, **1980**, J. Mat. Sc., v 15, P 3141.

A.R.D.A. Lopez , K. T.Faber, **1999**, J. Am. Cer. Soc., v 82(8), p 2204.

102 H. Ono, T. Teramoto e T. Shinoda, **1993**, Mat and Mfg. Processes, v 8(4&5), p 451.

S. Musikant, **1991**, *What Every Engineer Should Know About Ceramics*, Marcell Dekker Inc, NY, EUA.

R. P. Wahi, e B. Lischner, **1980**, J. Mat. Sc, v 15, p 875.

T. Yamamota, M. Olsson , S. Hogmark, **1994**, *Wear*, v - 174, p 21.

A.Lamy e T. N. Sopkow, **1990**, Proc. 3rd Conferência Nacional sobre Pulverização Térmica,
Long Beach, CA, EUA, 20 - 25th maio, p 491.

D. Matejka e B. Bonko, *Plasma Spraying of Metallic and Ceramic Materials*, Willey, Chichester, Reino Unido, **1989**.

M. A. Moore e F. A. King, **1980**, *Wear,* v 60, p 123.

Cheo, W. D. Kulhmann e D. M. David, **1994**, *Wear*, v 173, p 1

A. L. Fernandez, R. Rodriguez, Y. Wang, R. Vijande e A. Rincan,   **1995**, *Wear*, v 181 - 183, p 417.

Y. S. Wang, S. M. Hsu e R. G. Munro, **1991**, *J. Soc. Of Tribologists and Lubri. Engg.*, v 47(1), p 63.

Metals Handbook, ASM, Metals Park, Ohio, EUA.

S. Atamert e J. Stekly, Microstructure, **1993**, Surf. Engg., v 9(3), p 231.

M. O. Price, T. A. Wolfla e R. C. Tucker, **1977**, *Thin Solid Films*, v 45, p 309.

M. A. Moore, **1994**, *Wear*, v 28, p 59.

P. L. Hurricks, **1972**, *Wear*, v 22, p 291.

M. G. Habsur e R. V. Miner, **1986**, Mat. Sc. Engg, v 83, p 239.

A. E. Spear, **1989**, J. Am. Cer. Soc., v 72, p171.

A. Marakawa, **1997**, Mat. Sc. Forum, v 247, p 1.

K. Oyoda, S. Komatsu, S. Matsumoto, Y. Moriyoshi, **1991**, J. Mat. Sc., V 26, p 3081.

W. Zhu, B. H. Tan e H. S. Tan, **1993**, *Thin Solid Films*, v 236, p 106.

P. Hollman, A. Alhelisteten, T. Bjorke e S. Hogmark, **1994**, *Wear*, v 179, p 11.

A. Alhelisten, *Abrasion of Hot Flame Deposited Diamond Coatings, Wear*, **1995**, v 185, p 213.

M. Rosso, A. Bennani, PM World Congress Thermal Spraying/ Spray Forming, 1998, p. 524.

H.V. Hidalgo, F.J.B. Varela, E.F. Rico, Tribol. Int. 30 (9) (1997) 641.

J. Ilavsky, J. Pisacka, P. Chraska, N. Margadant, S. Siegmann, W.Wagner, P.Fiala, G. Barbezat, Actas da Conferência Internacional sobre Pulverização Térmica, 2000, p. 449.

C. T. Liu e C. L. White, em High Temp. Ordered Intermettallic Alloys por C. C. Koch, C. T. Liu e N. S. Stoloff, Mat . Res. soc., 39(1985),365.

R. W. Chan, Load-Bearing Ordered Intermettalic Compounds- A Historical View, Boletim MRS, 5,(1991),18.

S.Y.Guo, J.Li, D.S.Mao, M.H.Xu e Z.Y.Mao, Wear, V203-204, pp319, **1997**.

Angle, P. A. *Impact Wear of Materials*, (Elsevier; Nova Iorque, *1976*).

Tilly, G.P. " *Erosion Caused by Impact of Solid Particles* ", em H. Herman (ed), Treatise on Materials Science and Technology, vol. 13:D. Scott(ed), Wear. (Academic Press: Nova Iorque, **1979**) p. 287 - 320.

Erosão   por Impacto de Líquidos e Sólidos (CavendishLaboratory , Universidade de Cambridge: Cambridge, Inglaterra, **1979**).

Erosão   por Impacto de Líquidos e Sólidos (CavendishLaboratory , Universidade de Cambridge: Cambridge, Inglaterra, **1987**).

Evans, A. G. " Impact *Damage Mechanism - Solid Projectile* ", em H. Herman (ed.), Treatise on Materials Science and Technology, Vol. 16: C. M. Preece (ed.), Materials Erosion, (Academic Press: New York, **1979**), p. 1 - 67.

Características de erosão e abrasão de revestimentos de alumina pulverizados a plasma under different spraying conditions R. Westergard, L. C. Erickson, N. Axen, H. M. Hawthorne and S. Hogmark, Tribology International, Volume #1, Issue %, May *1998*, Pages 271 - 279.

Tucker, R. C. Jr., *Sobre a relação entre a microestrutura e o desgaste características de revestimentos seleccionados por projeção térmica.* Procedimentos do ITSC, Kobe, Japão, **1995**, pp. 477 - 482.

H. M. Hawthorne, L. C. Erickson, D. Ross, H. Tai e T. Troczynski, *The dependência microestrutural do comportamento ao desgaste e à indentação de alguns revestimentos de alumina pulverizados por plasma*. Wear 203 - 204 (1997), pp. 709 - 714.

Erickson, L. C., Troczynski, T., Ross, D., Tai, H. e Hawthorne, H. M., *Microestrutura dependente do processamento e propriedades de superfície relacionadas com o desgaste de plasma sprayed alumina coatings*, apresentado no Congresso Mundial de Tribologia, Londres, Reino Unido, setembro **de 1997**.

Erickson, L. C., Troczynski, T., Hawthorne, H. M., Tai, H. e Ross, D., *Alumina coatings by plasma spraying of monosize sapphire powders*, publicado nos anais do ITSC'98, Nice, França.

A.Ohmori, C. - J. Li e Y. Arata, *Influência das condições de pulverização de plasma na estrutura dos revestimentos de AhO3*. Trans. Of JWRI 19 2 (**1990**), pp. 99 - 110.

F. Alonso, I. Fagoaga e P. Oregui - "*Proteção contra a erosão de materiais carbono-epóxi*
composites by plasma sprayed coatings ", Suface & Coatings Technology, Volume 49, Números 1 - 3, 10 Dez, **1991**, pp. 482 - 488,

W. Tabakoff, V. Shanov. -- "*Teste de taxa de erosão a alta temperatura para turbo Utilização em máquinas*", - Surface & Coatings Technologies, Vol. 76 - 77, Parte I, Nov **1995**, pp. 75 - 80, C. He, Y. S. Wang, J. S. Wallace e S. M. Hsu, **1993**, *Wear* , V 162 - 164, p

314. O. O. Ajayi e K. C. ludema, **1991**, *Wear*, v 124, p 307.

R. Mcpherson, 1989, Surf. Coat. Tech., v 39/40, p 173.

B.Wang, **1996**, *Wear*, v 199, p 24.

F.M. Hawthrone, L. C. Erickson, D. Ross, H. Tan e T. Trockzynsko, **1997**, *Wear*, v 203 - 204, p 709.

X. S. Zhang, T. W. Clyne e I. M. Hutchings, **1997**, Surf. Engg., v 13(5), p 393.

José Roberto Tavares Branco, Robert Gansert, Sanjay Sampath, Christopher C. Berndt, Herbert Herman-- *Solid Particle Erosion of Plasma Sprayed Ceramic Coatings-Materials* Research. Vol.7. No.1.147-153,**2004**

S.B. Mishra, K.Chandra, S. Prakash, B.Venkataraman - Caracterização e Comportamento de Erosão de um Revestimento de Ni3-Al Pulverizado por Plasma numa Superliga à Base de Fe - Materials Letters 59 (2005) pp 3694-3698

H. Chen, S.W. Lee, Hao Du, Chuan X Ding e Chul Ho Cho; " *Influence of feed e parâmetros de pulverização na eficiência de deposição e microdureza de revestimentos de zircónia pulverizados por plasma*" -- Materials Letter Vol 58, Issues 7 - 8, March **2004** pp. 1241 - 1245

B. Venkataraman - *Avaliação de Revestimentos Tribológicos* - Proc. do DAE-BRNS Workshop sobre Engenharia de Superfícies de Plasma, BARC, Mumbai, setembro **de 2004**, pp. 217 - 235.

G.Lalleman - Tallaron, *Estudo da microestrutura e da adesão das espinelas revestimentos formados por projeção de plasma*, Tese de Doutoramento n° 96 - 58 (**1996**) E. C. Lyon, França.

S. C. Mishra. K. C. Rout, P. V. Ananthapadmanabhan e B. Mills *Plasma Spray Revestimento de cinzas volantes pré-misturadas com pó de alumínio depositado em substratos metálicos*. J. Material Processing Technology **2000**. 102, 1 - 3 , pp. 9 - 13.

C.R.C. Lima, R.E.Trevisan. J.Themal Spray Tech. 62, **1997** , p. 199.

Lech Pawlowski - *The Science and Engineering of Themal Spray Coatings*, John Wiley & Sons, Nova Iorque (**1995**) pp. 235.

S. Rajasekaran , G. A. Vijayalakshmi Pai -- *Redes* Neuronais*, Lógica Difusa e Algoritmos Genéticos-Síntese e Aplicações* -Prentice Hall of India Pvt. Ltd. , Nova Deli (**2003**)

V. Rao e H. Rao "Redes Neuronais C++ e Sistemas Fuzzy" BPB
Publicações, **2000**.
Levy, A. V. The erosion corrosion behavior of protective coatings, Surf, and Coat.
Techn., v. 36. p. 387 - 406, **1988**.
Weight, I. G.; Shetty, D. K. *A Phenomenological Approach to Modelling the
Erosão da liga WC - Co,* 7th ELSI. Documento 43.

I want morebooks!

Buy your books fast and straightforward online - at one of world's fastest growing online book stores! Environmentally sound due to Print-on-Demand technologies.

Buy your books online at
www.morebooks.shop

Compre os seus livros mais rápido e diretamente na internet, em uma das livrarias on-line com o maior crescimento no mundo! Produção que protege o meio ambiente através das tecnologias de impressão sob demanda.

Compre os seus livros on-line em
www.morebooks.shop

info@omniscriptum.com
www.omniscriptum.com